建筑工人职业技能培训教材

砌 筑 工

（第二版）

建筑工人职业技能培训教材编委会　组织编写

中国建筑工业出版社

图书在版编目（CIP）数据

砌筑工/建筑工人职业技能培训教材编委会组织编写．—2版．—北京：中国建筑工业出版社，2015.11

建筑工人职业技能培训教材

ISBN 978-7-112-18607-5

Ⅰ.①砌…　Ⅱ.①建…　Ⅲ.①砌筑-技术培训-教材　Ⅳ.①TU754.1

中国版本图书馆CIP数据核字（2015）第250523号

建筑工人职业技能培训教材

砌　筑　工

（第二版）

建筑工人职业技能培训教材编委会　组织编写

*

中国建筑工业出版社出版、发行（北京西郊百万庄）

各地新华书店、建筑书店经销

北京红光制版公司制版

北京圣夫亚美印刷有限公司印刷

*

开本：850×1168毫米　1/32　印张：7½　字数：203千字

2015年12月第二版　2020年8月第三十六次印刷

定价：**19.00**元

ISBN 978-7-112-18607-5

（27837）

本书是建筑工人职业技能培训教材之一，考虑到砌筑工的特点，按照新版《建筑工程施工职业技能标准》的要求，对砌筑初级工、中级工和高级工应知应会的内容进行了详细讲解，具有科学、规范、简明、实用的特点。

本书适用于建筑工人职业技能培训和自学。

责任编辑：朱首明　李　明　李　阳
责任校对：李美娜　赵　颖

出 版 说 明

为了提高建筑工人职业技能水平，根据住房和城乡建设部人事司有关精神要求，依据住房和城乡建设部新版《建筑工程施工职业技能标准》（以下简称《职业技能标准》），我社组织中国建筑工程总公司相关专家，对第一版《土木建筑职业技能岗位培训教材》进行了修订，并补充新编了其他常见工种的职业技能培训教材。

第一批教材含新编教材3种：建筑工人安全知识读本（各工种通用）、模板工、机械设备安装工（安装钳工）；修订教材10种：钢筋工、砌筑工、防水工、抹灰工、混凝土工、木工、油漆工、架子工、测量放线工、建筑电工。其他工种教材也将陆续出版。

依据新版《职业技能标准》，建筑工程施工职业技能等级由低到高分为：五级、四级、三级、二级和一级，分别对应初级工、中级工、高级工、技师和高级技师。教材覆盖了五级、四级、三级（初级、中级、高级）工人应掌握的内容。二级、一级（技师、高级技师）工人培训可参考使用。

本套教材按新版《职业技能标准》编写，符合现行标准、规范、工艺和新技术推广的要求，书中理论内容以够用为度，重点突出操作技能的训练要求，注重实用性，力求文字通俗易懂、图文并茂，是建筑工人开展职业技能培训的必备教材，也可供高、中等职业院校实践教学使用。

为不断提高本套教材质量，我们期待广大读者在使用后提出宝贵意见和建议，以便我们改进工作。

中国建筑工业出版社

2015年10月

前　　言

本教材依据住房和城乡建设部新版《建筑工程施工职业技能标准》，在第一版《砌筑工》基础上修订完成。

本书力求理论知识与实践操作的紧密结合，体现建筑企业施工的特点，突出提高生产作业人员的实际操作水平，做到文字简练、通俗易懂、图文并茂。注重针对性、科学性、规范性、实用性、新颖性和可操作性。

本教材适用于职业技能五级（初级）、四级（中级）、三级（高级）砌筑工岗位培训和自学使用，也可供二级（技师）、一级（高级技师）砌筑工参考使用。

本教材修订主编由雷定鸣担任，修订副主编由蒋必祥、李孝担任，由于编写时间仓促，加之编者水平有限，书中难免存在缺点和不足，敬请读者批评指正。

目　录

一、建筑识图……………………………………………………………… 1
二、房屋构造、砖石结构和抗震基本知识 …………………………… 29
（一）房屋建筑构造的基本知识 ……………………………………… 29
（二）砖石结构和抗震基本知识 ……………………………………… 44
三、常用砌筑材料及工具设备 ………………………………………… 54
（一）常用砌筑材料…………………………………………………… 54
（二）常用砌筑工具和设备 …………………………………………… 68
四、施工测量基本知识 ………………………………………………… 77
（一）施工测量放线的仪器和工具 …………………………………… 77
（二）水准仪的应用…………………………………………………… 79
五、普通砖实心砌体的组砌方法 ……………………………………… 85
（一）砖砌体的组砌原则 ……………………………………………… 85
（二）砖在砌体中摆放位置的名称 …………………………………… 86
（三）实心砖砌体的组砌方法 ………………………………………… 87
（四）矩形砖柱的组砌方法 …………………………………………… 93
操作技能训练 …………………………………………………………… 95
六、砖砌体的传统操作法 ……………………………………………… 96
（一）砌砖的基本功…………………………………………………… 96
（二）瓦刀披灰操作法………………………………………………… 99
（三）“三·一”砌砖法 ……………………………………………… 100
（四）“二三八一”操作法 …………………………………………… 104
操作技能训练…………………………………………………………… 112
七、砖石基础的砌筑…………………………………………………… 113
（一）砖石基础砌筑的操作工艺顺序 ………………………………… 113

（二）砖石基础砌筑的操作工艺要点 …………………………… 113
（三）应注意的操作要求和质量预控 …………………………… 123
（四）质量标准和安全要求 ………………………………… 125
操作技能训练…………………………………………………… 128
八、砖墙的砌筑………………………………………………… 129
（一）砖墙砌筑的工艺顺序 ………………………………… 129
（二）砖墙砌筑的操作要点 ………………………………… 129
（三）蒸压加气混凝土砌块的砌筑 ……………………………… 144
（四）应预控的质量问题 …………………………………… 146
（五）质量标准和安全要求 ………………………………… 147
操作技能训练…………………………………………………… 150
九、石材砌体的砌筑…………………………………………… 151
（一）石材砌体的组砌形式 ………………………………… 151
（二）应预防的质量问题 …………………………………… 154
（三）安全注意事项 ……………………………………… 155
十、空斗墙、空心砖墙和空心砌块墙的砌筑………………… 157
（一）空斗墙的构造及砌筑…………………………………… 157
（二）空心砖墙和空心砌块墙的砌筑 …………………………… 158
（三）应预控的质量问题 …………………………………… 162
（四）质量标准和安全要求 ………………………………… 163
十一、一般家用炉灶的砌筑…………………………………… 165
十二、屋面瓦的施工…………………………………………… 167
（一）平屋面瓦的施工 …………………………………… 167
（二）小青瓦屋面 ……………………………………… 169
（三）质量与安全要求 …………………………………… 172
十三、地下管道排水工程的施工……………………………… 174
（一）地下管道排水系统的组成……………………………… 174
（二）下水道铺设及闭水试验方法 ……………………………… 174
（三）窨井 …………………………………………… 177
（四）化粪池………………………………………………… 179

十四、地面砖铺砌和乱石路面铺筑 …… 183
（一）地面砖的类型和材质要求 …… 183
（二）地面构造层次和砖地面适用范围 …… 184
（三）地面砖铺砌施工工艺要点 …… 186
（四）应预控的质量问题 …… 190
（五）质量标准 …… 191
操作技能训练 …… 191
十五、目前砌筑工程的新材料和发展方向 …… 193
（一）砌筑用的新材料 …… 193
（二）墙体改革的途径与方向 …… 194
十六、古建筑的基本构造 …… 197
十七、砌筑工程的季节施工 …… 202
（一）冬期施工 …… 202
（二）雨期施工 …… 207
（三）高温期间和台风季节施工 …… 208
十八、砌筑工程质量事故和安全事故的预防和处理 …… 210
（一）质量事故的特点和分类 …… 210
（二）常见的质量通病及预防 …… 212
（三）质量事故的处理 …… 216
（四）安全事故的预防和处理 …… 216
十九、估工估料的基本知识 …… 220
（一）工程量的计算 …… 220
（二）定额的套用 …… 222
（三）估工估料方法示例 …… 223
二十、班组管理知识 …… 226
（一）班组管理的内容 …… 226
（二）班组的各项管理 …… 227
参考文献 …… 230

一、建 筑 识 图

建造一座大楼或其他建筑工程，先要有一套设计好的施工图纸及其有关的标准图集和文字说明，这些图纸和文字把该建筑物的构造、规模、尺寸、标高等及选用的材料、设备、构配件表述得一清二楚，这就叫建筑施工图。然后，将图纸通过精心组织，合理运作，变成实际的建筑物，这就是施工。要会施工首先必须会识图，就是建筑识图。识图也称之为看图或读图。

施工图是设计人员为某建筑工程施工阶段而设计筹划的技术资料，是建筑工程中用的一种能够十分正确表达建筑物外形轮廓、大小尺寸、结构构造、使用材料和设备种类及施工方法的图样，是修建房屋的主要依据，具有法律文件的性质。施工人员必须按照图纸要求施工，不得任意更改。建造一栋房屋要有几张、几十张，甚至上百张的施工图纸。因此，建筑工人必须看懂施工图，领会设计意图，特别是与本工种有关的图纸，才能做到得心应手按图施工。

1. 建筑工程施工图的分类

（1）分类：施工图按专业分类有总平面图、建筑施工图、结构施工图、水电暖通施工图、设备安装施工图。各专业图纸又分为基本图和详图两部分，基本图纸表明全局性的内容，详图表明某一构件或某一局部的详细尺寸和材料、做法等。

（2）总平面图：标出建筑物所在地理位置和周围环境。一般标有建筑物的外形、轮廓尺寸、位置、坐标，±0.000 绝对标高，建筑物周围的地物、原有建筑与道路，并标出拟建道路、水电暖通等地下管网和地上管线，以及方格网、坐标点、水准点等高线、指北针、风玫瑰等。该类图纸以“总施××”编号。

（3）建筑施工图：简称“建施”。主要表示建筑物的外部形状、内部布置以及构造、装修和施工要求等。包括建筑物的平面图、立面图、剖面图和详图。

（4）建筑结构施工图：简称“结施”。包括基础平面图和详图。各楼层和屋面结构平面图、柱、梁详图和其他楼梯、阳台、雨篷等构件详图。主要表示承重结构布置情况。构造方法、尺寸、标高、材料及施工要求等（砖混结构除地下砖墙由基础结构图表示外，室内地面以上的砖墙、砖柱均由建筑施工图表示）。

（5）水电暖通施工图：简称“水施”、“电施”、“暖施”、“通施”。该类图纸包括给水、排水、卫生设备、暖气管道和装置，电气线路和电器安装，通风管道等的平面图、透视图、系统图和安装大样图，表示各种管线的走向、规格、材料和做法等。

（6）设备安装施工图：简称“设施”。包括位置图、总装图、各部件安装图等。主要表示机器设备的安装位置、生产工艺流程、组装方法、调试程序等。一般用于工业建筑和实验室等房屋。

（7）图纸目录和设计说明：图纸目录也称“标题”或首页图，主要说明该工程的名称、图纸张数和图号，其目的是便于查找，通常以表格方式表示。设计说明主要是说明工程的概貌和总的要求，内容包括设计依据（水文、地质、气象资料）、设计标准（建筑标准、结构荷载等级、结构安全等级、抗震设防要求、采暖通风要求、照明动力标准）、施工要求（材料要求和施工要求等）或其他用图样无法表达和不宜表述的内容。图纸目录和设计总说明通常放在各类图纸的前面。

砌筑工根据土建图纸规定的位置、尺寸、材料等进行砌体的砌筑，做屋面、砌窨井及化粪池，铺设下水管道等。同时根据建筑安装图所提供的资料，与其他专业和工种配合好，进行预留孔洞，预埋管件、铁件并安排好工序搭接等工作。

2. 投影和视图的基本知识

（1）投影：当光线照射物体后都会留下影子，由于光线对物体照射的角度不同，在平面上留下的影子也会不同。

图 1-1（a）是一点电灯光照射物体后产生的影子，它比实物大；图 1-1（b）是相互平行且垂直的物体的光线照射物体后的影子，它与物体大小相等，此类光线照射下物体的影子叫正投影。

建筑施工图是根据正投影的成像原理绘制的，正投影必须具备两个假设条件：

1）必须有光源，该光源射出的光线互相平行，光线与被照射物垂直。

2）承受影子的平面（投影面）应平行于被照射物体。图 1-2 为一块三角板的正投影示意图。

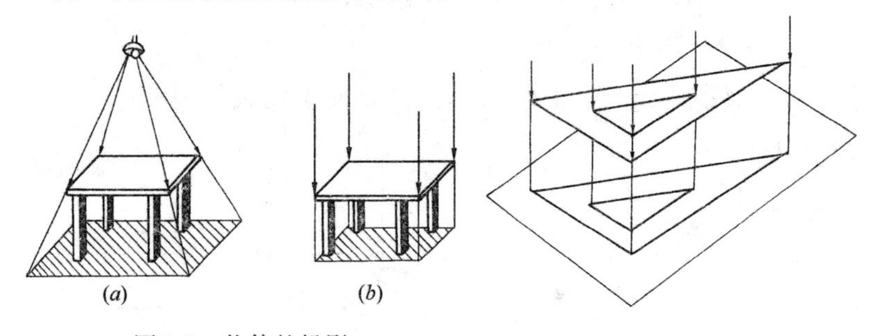

图 1-1　物体的投影
（a）点光源照射物体的投影；
（b）平行光垂直照射物体的投影

图 1-2　三角板正投影示意图

（2）视图：物体在投影面上的正投影图叫视图。以投影的方向不同，视图可分为以下几种：

1）仰视图：由从底下往上看得到的投影图，如建筑施工图中的顶棚图。

2）俯视图：由顶上往下看得到的投影图，如建筑施工图中屋顶平面图。

3）侧视图：由物体的左、右、前、后投影得到的视图，如建筑施工图中的东、南、西、北立面图。

一般物体只需三个视图就可以正确表现出它的大小形状，这就是视图原理。图 1-3 所示为平行六面体在空间的三视图。

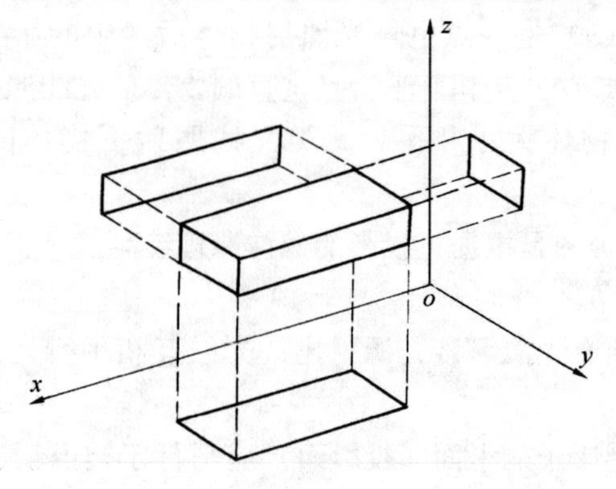

图 1-3　平行六面体的三视图

（3）点、线、面的三视图

1）点：一个点在空间的各个投影面上的投影总是一个点。如图 1-4 所示。

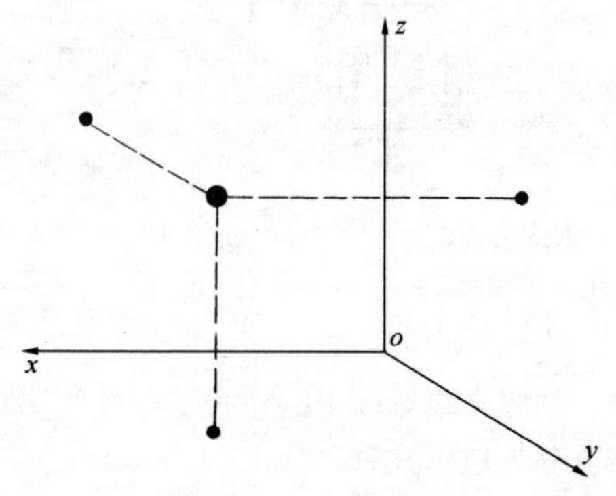

图 1-4　点的投影

2）线段：一个线段在空间的投影，当投影面平行于线段时，它的投影为线段，当投影面垂直于线段时，它的投影为一点。如图 1-5 所示。

3）平面：一个几何平面在投影面的投影，当该平面平行于投影面时为平面，垂直于投影面时为线段。如图 1-6 所示。

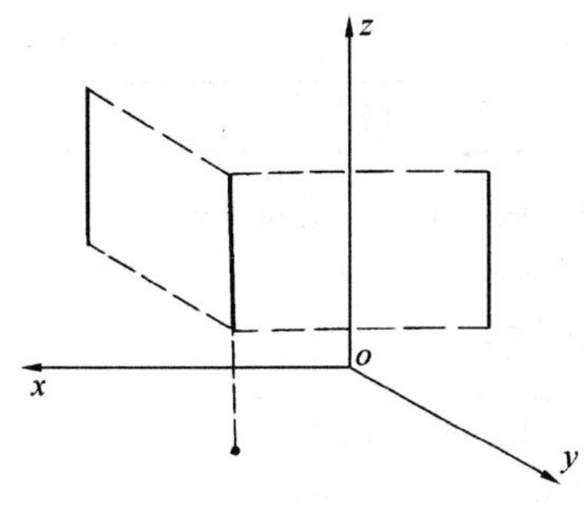

图 1-5　线段的投影

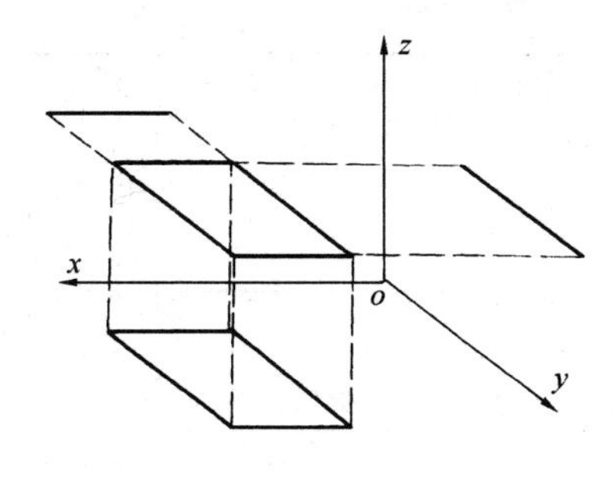

图 1-6　平面的投影

物体在空间各个面上的投影是比较复杂的，离不开点、线、面的投影原则，房屋在各个投影面上的投影都是由点、线、面的投影组成的。

3. 图线、比例、符号、尺寸、标高

各种图形都是有线条组成的，而每张图纸所反映的东西不同，所以就要采用各种线条表示。

(1) 线型及其用途：线条的粗细、形状和断续叫线型。建筑工程施工图常用的线型及其用途见表 1-1。

施工图常用的线型及其用途　　　　表 1-1

名称	线　　型	线宽	用　　途
细实线		0.25b	小于 0.5b 的图形线、尺寸线、尺寸界线、图例线、索引符号、标高符号、详图材料做法引出线等
中虚线		0.5b	1. 建筑构造详图及建筑构配件不可见的轮廓线； 2. 平面图中的起重机（吊车）轮廓线； 3. 拟扩建的建筑物轮廓线
细虚线		0.25b	图例线、小于 0.5b 的不可见轮廓线
粗单点长画线		b	起重机（吊车）轨道线

续表

名称	线　　型	线宽	用　　途
细单点长画线		0.25b	中心线、对称线、定位轴线
折断线		0.25b	不需画全的断开界线
波浪线		0.25b	不需画全的断开界线；构造层次的断开界线

注：地平线的线宽可用 1.4b。

引出线如图 1-7 所示，虚线表示法如图 1-8 所示，定位轴线如图 1-9 所示，中心线和对称符号如图 1-10 所示，折断线表示法如图 1-11 所示，波浪线表示法如图 1-12 所示。

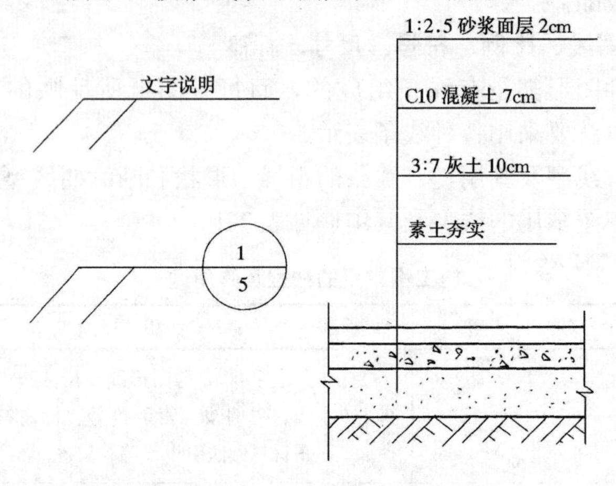

图 1-7　引出线用法

（2）比例：工程图线都是按照一定的比例，将建筑物缩小，在图纸上画出。我们看到的施工图都是经过缩小（或放大）后绘制成。所绘制图样的大小与实物大小之比称为比例。例如一个实物长为 1000mm，而画在图上的长度为 10mm，这样图上的 1mm 就代表实物的 100mm 长，该图的比例就是 1∶100。

1）常用的比例及使用范围见表 1-2。

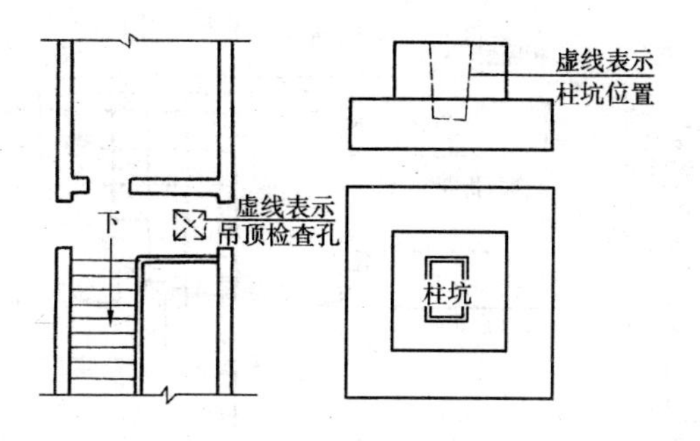

图 1-8　虚线表示法

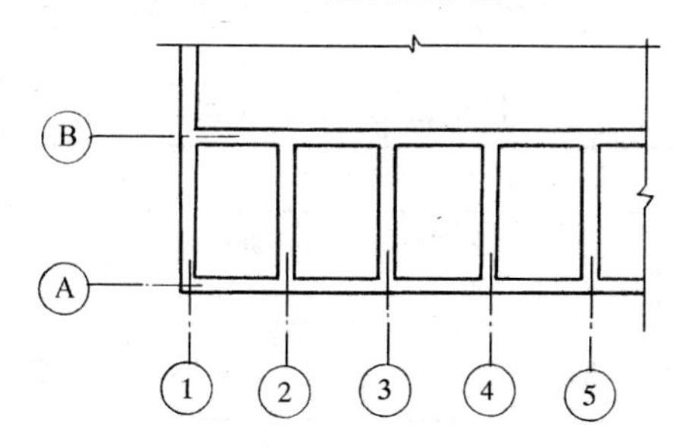

图 1-9　定位轴线

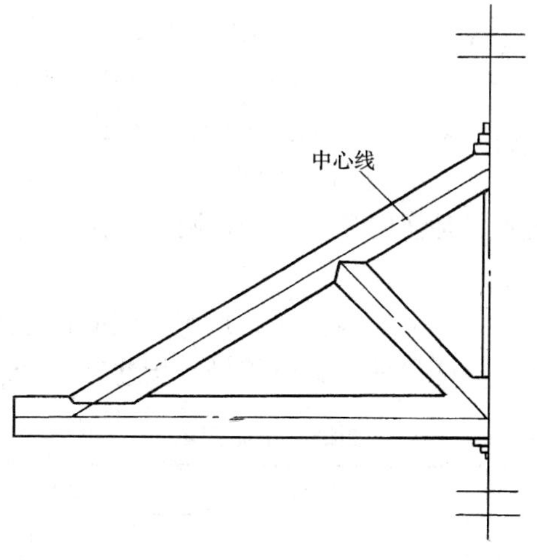

图 1-10　中心线和对称符号

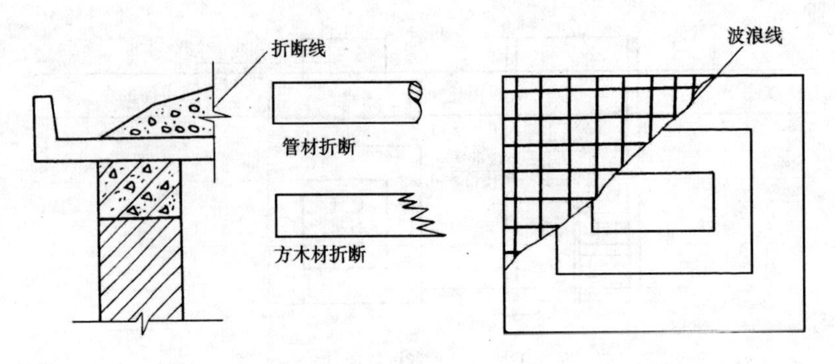

图 1-11　折断线用法　　　　图 1-12　波浪线用法

常用比例及使用范围　　　　**表 1-2**

图　名	比　例
建筑物或构筑物的平面图、立面图、剖面图	1∶50、1∶100、1∶150、1∶200、1∶300
建筑物或构筑物的局部放大图	1∶10、1∶20、1∶25、1∶30、1∶50
配件及构造详图	1∶1、1∶2、1∶5、1∶10、1∶15、1∶20、1∶25、1∶30、1∶50

剖面图 1:100　　5　1:50

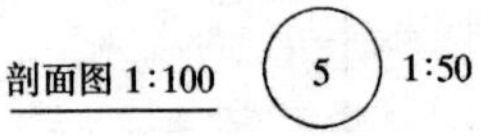

图 1-13　比例的注写

2）比例在图纸上的注写。

一张图纸上只用一个比例的，可写在标题内或图名区里，也可写在图名右下角（图 1-13）。

一张图纸上同时使用几个比例，则每个图名下均应标注比例（表 1-3）。

（3）符号、图纸上的各种含义是用不同的符号表示的，图纸符号包括图例、构件代号、索引符号、指北针、风玫瑰图等。

图纸常用比例表　　　　**表 1-3**

图　名	常用比例	必要时可增加的比例
总平面图	1∶500、1∶1000、1∶2000	1∶5000、1∶10000、1∶20000

续表

图　名	常用比例	必要时可增加的比例
总图专业的断面图	1∶100、1∶200、1∶1000、1∶2000	1∶500、1∶5000
平面图、立面图、剖面图	1∶500、1∶100、1∶200	1∶150、1∶300
次要平面图	1∶300、1∶400	1∶500
详图	1∶1、1∶2、1∶5、1∶10、1∶20、1∶50	1∶3、1∶15、1∶25、1∶30、1∶40、1∶60

1）图例：图例是建筑工程施工图上用图形表示一定含义的符号。构造及配件图例和说明，见表1-4。常用建筑材料图例，见表1-5。

构造及配件图例和说明　　表1-4

序号	名称	图　例	说　明
1	墙体		应加注文字或填充图例表示墙体材料，在项目设计图纸说明中列材料图例表给予说明
2	隔断		1. 包括板条抹灰、木制、石膏板、金属材料等隔断； 2. 适用于到顶与不到顶隔断
3	栏杆		—
4	楼梯	上 下 上 下	1. 上图为底层楼梯平面，中图为中间层楼梯平面，下图为顶层楼梯平面； 2. 楼梯及栏杆扶手的形式和梯段踏步数应按实际情况绘制

续表

序号	名称	图例	说明
5	坡道	下 下 下	上图为长坡道，下图为门口坡道
6	平面高差	××↓	适用于高差小于 100 的两个地面或楼面相接处
7	检查孔		左图为可见检查孔 右图为不可见检查孔
8	孔洞		—
9	坑槽		阴影部分可以涂色代替

常用建筑材料图例　　表 1-5

序号	名称	图例	备注
1	自然土		包括各种自然土

续表

序号	名称	图　　例	备　　注
2	夯实土		—
3	砂、灰土		靠近轮廓线绘较密的点
4	砂砾石、碎砖三合土	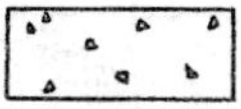	—
5	石　材	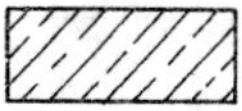	—
6	毛　石	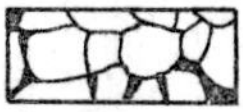	—
7	普通砖	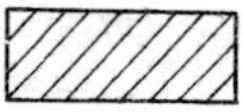	包括实心砖、多孔砖、砌块等砌体。断面较窄不易绘出图例线时，可涂红
8	耐火砖		包括耐酸砖等砌体
9	空心砖		指非承重砖砌体
10	饰面砖		包括铺地砖、陶瓷锦砖、人造大理石等
11	焦渣、矿渣	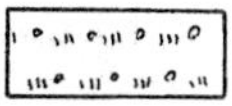	包括与水泥、石灰等混合而成的材料
12	混凝土		1. 本图例指能承重的混凝土及钢筋混凝土； 2. 包括各种强度等级、骨料、添加剂的混凝土； 3. 在剖面图上画出钢筋时，不画图例线； 4. 断面图形小，不易画出图例线时，可涂黑
13	钢筋混凝土		

续表

序号	名称	图　例	备　注
14	多孔材料		包括水泥珍珠岩、沥青珍珠岩、泡沫混凝土、非承重加气混凝土、软木、蛭石制品等
15	纤维材料	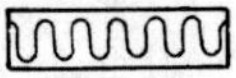	包括矿棉、岩棉、玻璃棉、麻丝、木丝板、纤维板等
16	泡沫塑料材　料	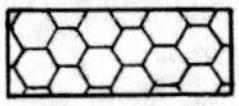	包括聚苯乙烯、聚乙烯、聚氨酯等多孔聚合物类材料
17	木　　材	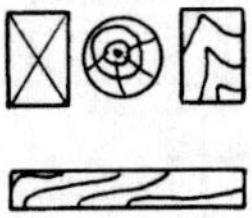	1. 上图为横断面，上左图为垫木、木砖或木龙骨； 2. 下图为纵断面
18	胶合板	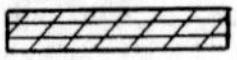	应注明为×层胶合板
19	石膏板	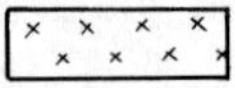	包括圆孔、方孔石膏板、防水石膏板等
20	金　　属		1. 包括各种金属； 2. 图形小时，可涂黑
21	网状材料		1. 包括金属、塑料网状材料； 2. 应注明具体材料名称
22	液　　体	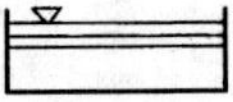	应注明具体液体名称
23	玻　　璃		包括平板玻璃、磨砂玻璃、夹丝玻璃、钢化玻璃、中空玻璃、加层玻璃、镀膜玻璃等
24	橡　　胶		—
25	塑　　料		包括各种软、硬塑料及有机玻璃等
26	防水材料		构造层次多或比例大时，采用上面图例

续表

序号	名称	图　例	备　注
27	粉　刷		本图例采用较稀的点

注：序号1、2、5、7、8、13、14、16、17、18、22、23图例中的斜线、短斜线、交叉斜线等一律为45°。

2）构件代号：为书写简便，在图纸上用一种符号代替构件名称。常用构件代号见表1-6。

常用构件代号表　　表1-6

序号	名　称	代号	序号	名　称	代号	序号	名　称	代号
1	板	B	19	圈梁	QL	37	承台	CT
2	屋面板	WB	20	过梁	GL	38	设备基础	SJ
3	空心板	KB	21	连系梁	LL	39	桩	ZH
4	槽形板	CB	22	基础梁	JL	40	挡土墙	DQ
5	折板	ZB	23	楼梯梁	TL	41	地沟	DG
6	密肋板	MB	24	框架梁	KL	42	柱间支撑	ZC
7	楼梯板	TB	25	框支梁	KZL	43	垂直支撑	CC
8	盖板或沟盖板	GB	26	屋面框架梁	WKL	44	水平支撑	SC
9	挡雨板或檐口板	YB	27	檩条	LT	45	梯	T
10	吊车安全走道板	DB	28	屋架	WJ	46	雨篷	YP
11	墙板	QB	29	托架	TJ	47	阳台	YT
12	天沟板	TGB	30	天窗架	CJ	48	梁垫	LD
13	梁	L	31	框架	KJ	49	预埋件	M
14	屋面梁	WL	32	刚架	GJ	50	天窗端壁	TD
15	吊车梁	DL	33	支架	ZJ	51	钢筋网	W
16	单轨吊车梁	DDL	34	柱	Z	52	钢筋骨架	G
17	轨道连接	DGL	35	框架柱	KZ	53	基础	J
18	车挡	CD	36	构造柱	GZ	54	暗柱	AZ

注：1. 预制钢筋混凝土构件、现浇钢筋混凝土构件、钢构件和木构件，一般可直接采用本附录中的构件代号，在绘图中，当需要区别上述构件的材料种类时，可在构件代号前加注材料代号，并在图纸中加以说明。
2. 预应力钢筋混凝土构件的代号，应在构件代号前加注“Y”如YDL表示预应力钢筋混凝土吊车梁。

3）索引符号：索引符号是表示图上该部分另有详图或标准图。如图 1-14，图 1-15，图 1-16 所示。

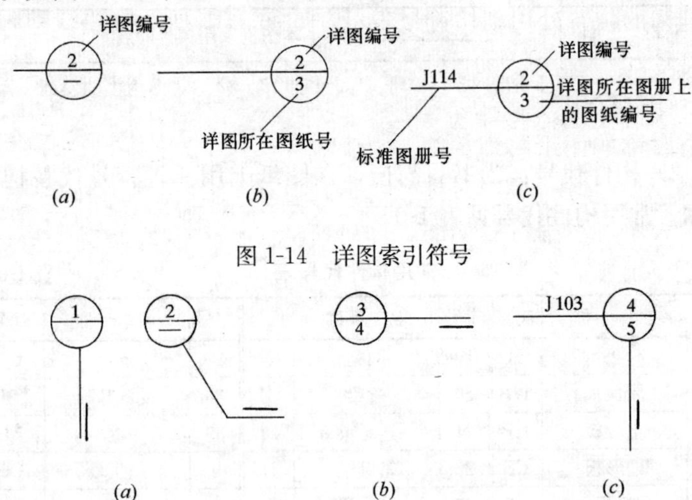

图 1-14　详图索引符号

图 1-15　剖切详图索引符号

4）指北针：是表示建筑物的朝向，其箭头所指为北面，如图 1-17 所示。

5）风玫瑰：是用来表示该地每年风向频率的图形，它以坐标及斜线定出十六个方向，根据该地区多年平均统计的各方向刮风次数的百分值绘制成折线图形，好像花朵，建筑上称它为风频率玫瑰图，简称风玫瑰。如图 1-18 所示。

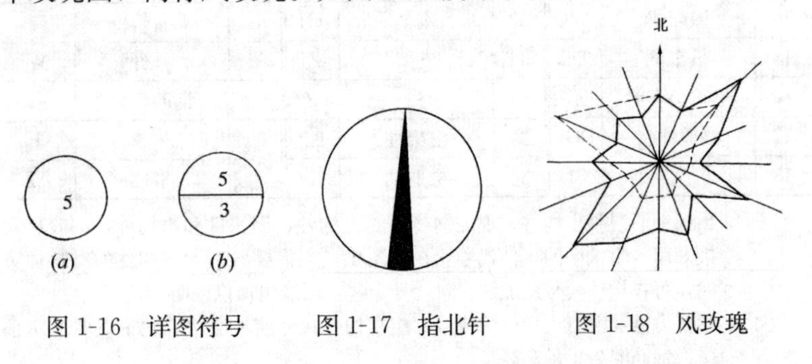

图 1-16　详图符号　　图 1-17　指北针　　图 1-18　风玫瑰

6）其他称号

① 剖切符号：它是假想用一个面将物体切开，在反映物体被剖切的位置处用剖切符号表示，如图 1-19 所示的粗线即为剖切符号。

②对称称号：当绘制完全对称的图纸时，常常只画一半，另一半用对称符号表示，对称符号如图 1-20 所示。

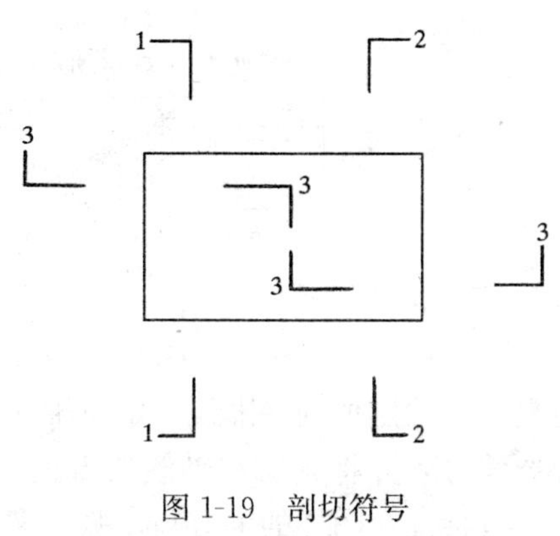

图 1-19　剖切符号

③连接符号：当图面绘不下整个构件时，需要分开绘制并用连接符号表示相接的部位，连接符号应以折断线表示需连接的部位。两部位相距较远时，折断线两端靠图样一侧应标注大写拉丁字母表示连接编号。两个被连接的图样必须用相同的字母编号，如图 1-21 所示。

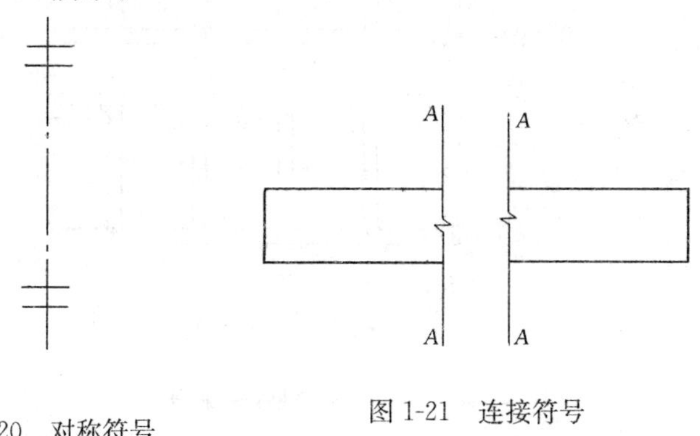

图 1-20　对称符号

图 1-21　连接符号
A—连接编号

④引出线：仅用符号无法表示时，可采用引出线加文字说明来表示，如图 1-22 所示。

⑤定位轴线：它是表示建筑物的主要结构或墙体位置的线，

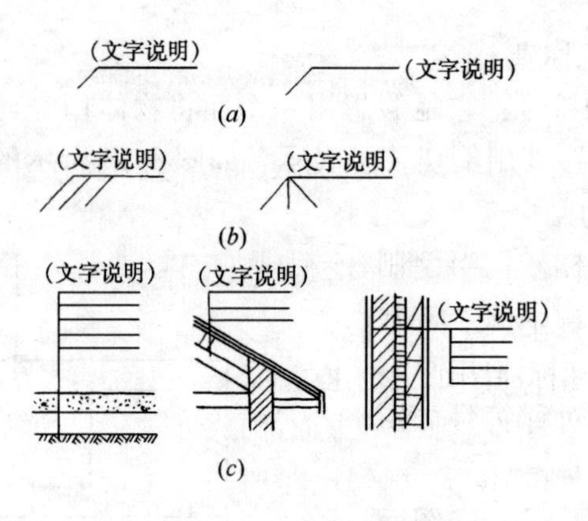

图 1-22　引出线

也是建筑物定位的基准线。定位轴线用细点画线绘制，每条轴线都要编号，并将其写在轴线端部的圆内。平面图上定位线的编号，宜标注在图样的下方与左侧，横向编号应用阿拉伯数字，从左至右顺序编写，竖向编号应用大写拉丁字母，从下至上顺序编号。拉丁字母的 I、O、Z 不得用作轴线编号。如图 1-23 所示。

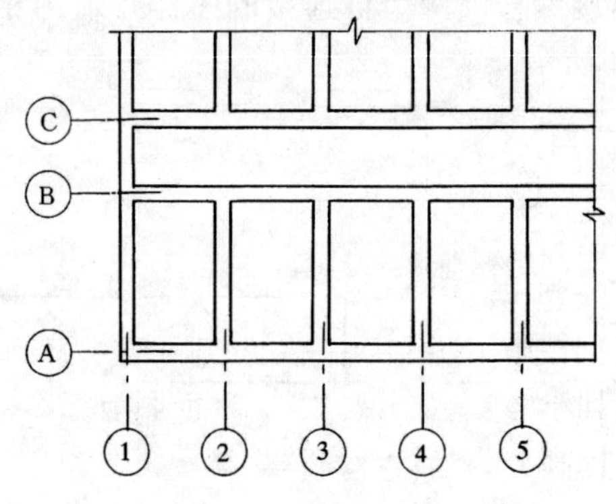

图 1-23　轴线和编号

附加定位轴线的编号，应以分数形式表示。分母表示前一轴的编号，分子表示附加轴线的编号。编号宜用阿拉伯字母顺序编写，如图 1-24 所示。

其他未尽事宜见《房屋建筑制图统一标准》GB/T 50001—

表示C号轴线后附加的第1根轴线

表示C号轴线后附加的第3根轴线

图1-24　附加轴线编号

2010的有关规定。

(4) 尺寸标注图纸上的尺寸标注，包括尺寸界线、尺寸线、尺寸起止符号和尺寸数字等方面都有具体规定，详见《房屋建筑制图统一标准》GB/T 50001—2010。

尺寸起止符号用中粗斜短线绘制，其倾斜方向应与尺寸界线成顺时针45°角，长度2～3mm。

尺寸数字一般应依据其方向注写在靠近尺寸线的上方中部。图线上的尺寸单位，除标高及总平面图以米为单位外，其他必须以毫米为单位。如图1-25所示。

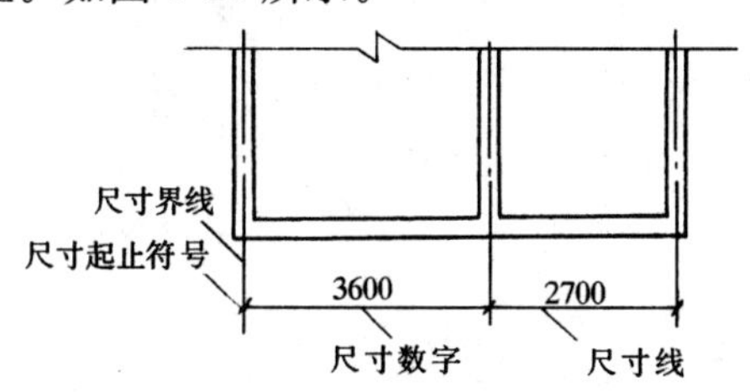

图1-25　尺寸的注写

(5) 标高：在施工图上某一高度的标明称为标高。标高以米为单位，精确到小数点后三位。在总平面图上标高标注小数点后二位就行了。标高分为绝对标高和相对标高两种。

1) 绝对标高：我国以青岛黄海平面为基准，将其高程定为零点。地面地物与基准点的高差称为绝对标高。例如某一地区房屋首层室内地面的绝对标高是515.500m，那么该建筑物首层地面比青岛、黄海海平面高出515.50m。绝对标高一般只用于建筑总平面图上，用黑色三角形表示。

2) 相对标高：建筑标高，是以所建房屋首层室内的高度作为零点，写作±0.000来计算房屋的相对高差。其高差叫标高，标高符号应以直角等腰三角形表示，如图1-26所示。总平面图室外地坪标高符号，宜用涂黑的三角形表示，如前述。

标高符号的尖端应指至被注高度的位置，尖端一般应向下，也可向上。标高数字应注写在标高的左侧或右侧。

零点标高应注写成±0.000，正数标高不注“+”，负数标高应注“-”，例如3.000、-0.600。

在同一位置需表示几个不同标高时，标高数字可按图1-27的形式注写。

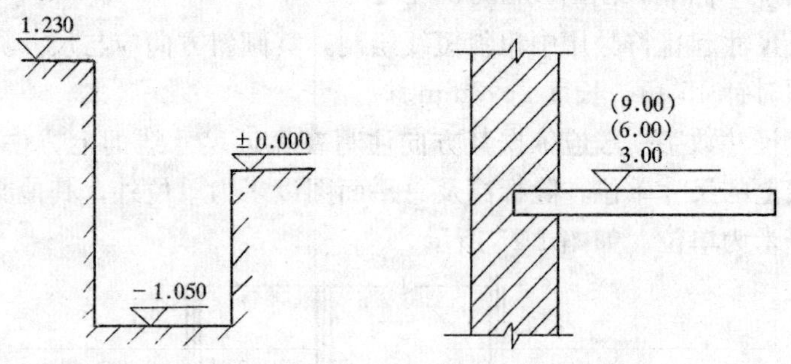

图1-26　标高的标法　　图1-27　一张详图有几个不同标高

4. 平面图、立面图、剖面图、详图

(1) 平面图：分为建筑总平面图和建筑平面图。

建筑平面图是由一个假想水平面，沿略高于窗台的位置剖切建筑物，切面以下部分的水平投影图就是平面图。平面图的用途是作为施工过程中放线、砌筑、安装门窗、作室内装修等的依据；也是编制工程预算和备料，作施工准备的依据（图1-28）。如果是楼房，各层平面图形成原理相同。

建筑平面图反映了以下八个方面的内容：

1）建筑物的尺寸，轴线间尺寸，建筑物外形尺寸，门窗洞口及墙体的尺寸，墙厚及柱子的平面尺寸等。

2）建筑物的形状、朝向以及各种房间、走廊、出入口，楼(电)梯、阳台等平面布置情况和相互关系。

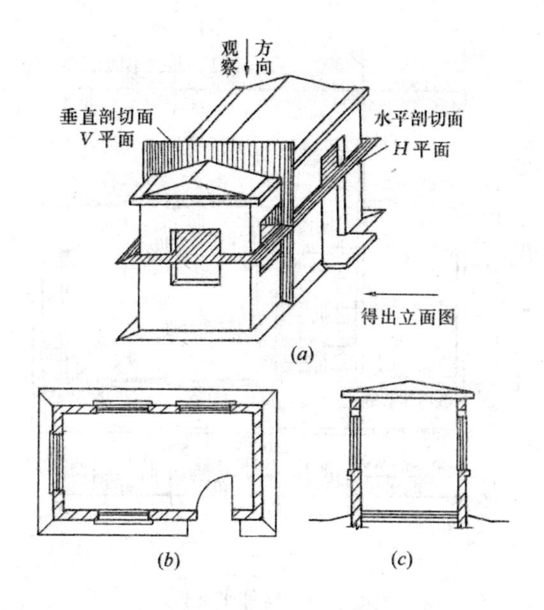

图 1-28　剖切示意

(a) 剖切位置示意图；(b) H平面切出平面图；(c) V平面切出剖面图

3）建筑物地面标高，例如首层室内地面标出±0.000，其他像卫生间、楼梯间休息平台等均标出各自标高。高窗、预留孔洞及埋件等则分别标出窗台标高和中心标高。

4）门窗的种类，门窗洞口的位置，开启的方向、门窗及门窗过梁的编号。

5）剖切线位置，局部详图和标准配件的索引号和位置。

6）其他专业（如水、暖、电等）对土建要求设置的坑、台、槽、水池、电闸箱、消火栓、雨水管等以及在墙上或楼板上预留孔洞的位置和尺寸。

7）除一般简单的装修用文字注明外，较复杂的工程，还标明室内装修做法，包括地面、墙面、顶棚等的用料和做法。

8）其他内容，如施工要求，砖、混凝土及砂浆强度等，如图 1-29 所示。

（2）立面图：是建筑物的侧视图、表示其外观，主要有正立

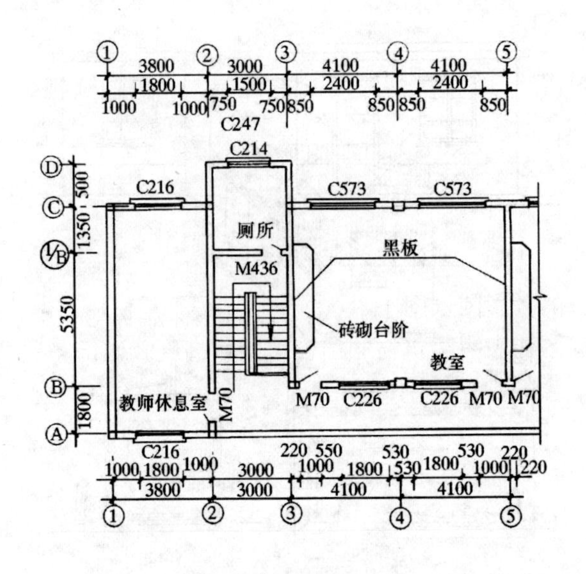

图 1-29　局部平面图

面图，侧立面图和背立面图（也有按朝向分东、西、南、北立面图）。立面图的名称宜根据两端定位轴线号编注。

立面图的用途主要是供室外装修施工使用，有以下几方面：

1）建筑物的外形、门窗、卫生间、雨篷、阳台、雨水管等位置，是平屋面还是坡屋面。

2）建筑物各楼层的高度及总高度，室外地坪标高。

3）外墙的装修做法、线脚做法和饰面分格等，如图 1-30 和图 1-31 所示。

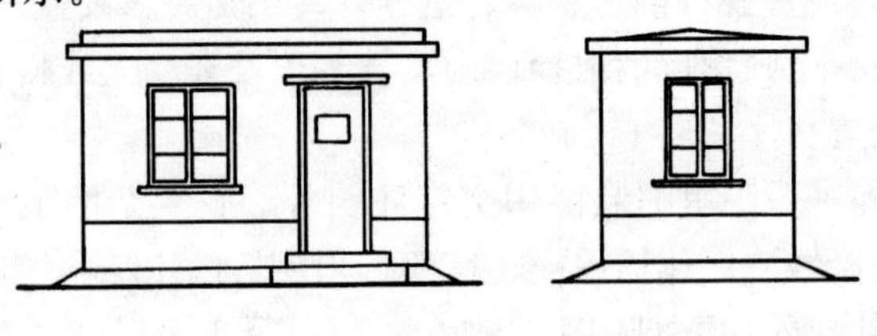

图 1-30　立面图

（3）剖面图：是建筑物被一个假想的垂直平面切开后，切面

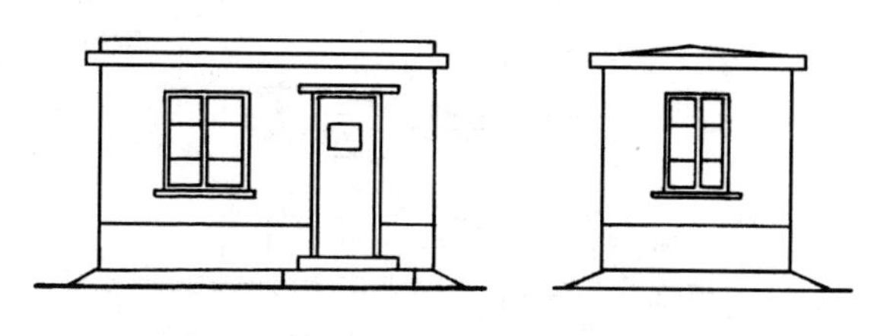

图 1-31　局部立面图

一侧部分的投影图（图 1-28）。

剖面图能表明建筑物的结构形式、高度及内部布置情况。根据剖切位置的不同、剖面图分为横剖和纵剖，有的还可以转折剖切。

看剖面图可以了解以下主要内容：

1）建筑物的总高、室内外地坪标高，各楼层标高、门窗及窗台高度等。

2）建筑物主要承重构件的相互关系，如梁、板的位置与墙、柱的关系，屋顶的结构形式。

3）楼地面、顶棚、屋面的构造及做法、窗台、檐口、雨篷、台阶等的尺寸及做法。

（4）详图：是将平、立、剖面图中的某些部位需详细表述而用较大比例绘制的图样。

详图涉及内容广泛，凡是在平、立、剖面图中表述不清楚的局部构造和节点，都可以用详图表述，其内容主要有以下几个方面：

1）细部或部件的尺寸、标高。

2）细部或部件的构造，材料及做法。

3）部件之间的构造关系。

4）各部位标准做法的索引符号。

图 1-32 是一个楼梯踏步的详图。

5. 结构施工图的识图

结构施工图是指基础平面图和剖面图，各层楼盖结构平面图和剖面图，屋面结构平面图和剖面图以及构件、节点详图等，并

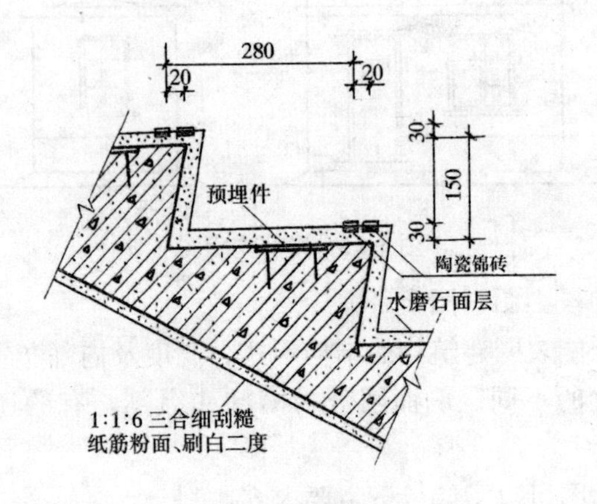

图1-32　详图示意

附有文字说明、构件数量表和材料用表。

（1）基础平面图和剖面图是相对标高±0.000以下的结构图，主要供放灰线、基槽（坑）挖土及基础施工时使用，如图1-33所示。

基础平面图主要表示以下内容：

1）轴线编号、轴线尺寸、基础轮廓线尺寸与轴线的关系。

2）剖切线位置。

3）预留沟槽、孔洞位置及尺寸、设备基础的位置及尺寸。

基础剖面图主要表明基础的具体尺寸、构造做法和所用材料等，如图1-33（*b*）所示。

文字说明主要说明±0.000相对的绝对标高、地基承载力、材料强度等级、验槽和对施工的要求等。

（2）楼层结构平面图及剖面图，一般分为预制楼层和现浇楼层两种。

1）预制楼层结构平面图主要表示楼层各种构件的平面关系（各种预制构件的名称、编号、位置、数量及定位尺寸等）。预制构件与墙的关系均以轴线为准标注。预制楼层的剖面图主要表示梁、板、墙、圈梁之间的搭接关系和构造处理。

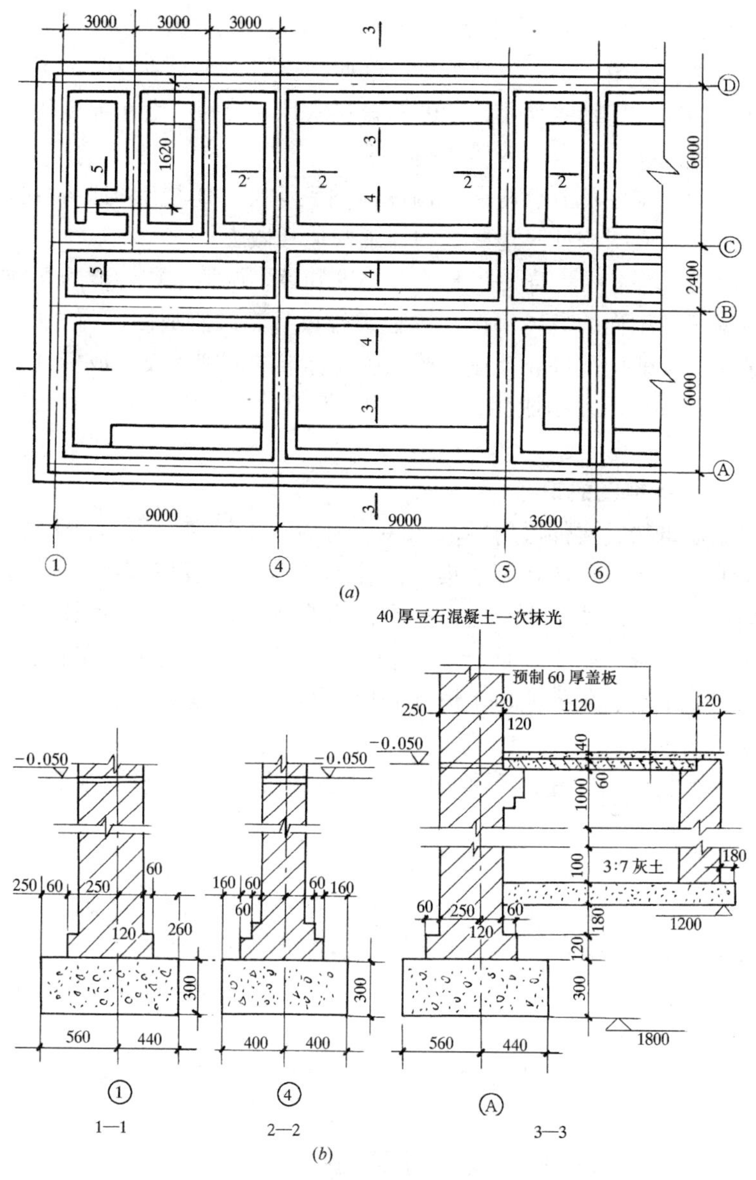

图 1-33　基础平面图和剖面图

（*a*）平面图；（*b*）剖面图

2）现浇楼层结构平面图及剖面图，主要为现浇支模板、浇灌混凝土等用，主要包括平面、剖面、钢筋表和文字说明。主要标注轴线号、轴线尺寸、梁的布置和编号，板的厚度和标高及钢筋布置。梁、楼板、墙体之间关系等。

（3）构件及节点详图：构件详图表明构件的详细构造做法，节点详图表明构件间连接处的详细构造和做法。

构配件和节点详图可分为非标准和标准两类，非标准的必须根据每个工程的具体情况，单独进行设计、绘制成图。另一类，量大面广的构配件和节点，按照统一标准的原则，设计成标准构配件和节点，绘制成标准详图，以利于大批量生产，大家共同使用。

6. 标准图的识图

建筑物、配件通用标准图主要有钢、木门窗、屋面、顶棚、楼地面、墙身、花台等图集，代号用“J”或“ 建”表示；结构构件通用标准图主要有门窗过梁、基础梁、吊车梁、屋面梁、屋架、屋面板、楼板、楼梯、天窗架、沟盖板等；还有一些构筑物，如水池、化粪池、水塔等通用标准图。图集代号用“G”或“结”表示。

重复使用的建筑配件和结构构件图集分别用代号“CJ”和“CQ”表示。

标准图根据使用范围的不同可分为：

（1）经国家批准的全国通用构、配件图和经国家有关部门审查通过的重复使用图。这些都可以在全国范围内使用。

（2）经各省、市、自治区基建主管部门批准的通用图，可在本地区使用。

（3）各设计单位编制的通用图集称为“院标”，可在本单位内部使用。

7. 看图的方法、要点和注意事项

（1）看图的方法：建筑安装施工图看图的方法归纳起来是六句话“由外向里看，由大到小看，由粗到细看，图样（详图）与说明穿插看，建施与结施对着看，水电设备最后看”，这样才能收到良好的效果。

一套图纸到手后，先把图纸分类，如建施、结施、水电设备安装图和相配套的标准图等，然后按如下步骤看图：

1）先看图纸目录：了解建筑物的名称、性质、面积、图纸种类、张数、建设单位、设计单位等。

2）看设计总说明：了解建筑物的概况、设计原则和对施工的总要求等。

3）看总平面图：了解建筑物所处的位置、高程、朝向、周边环境等。

4）看建筑施工图：先看各层平面图，了解建筑物的长度、宽度、轴线尺寸、室内布置等。再看立面图和剖面图，了解建筑物的层高、总高、各部位的基本做法。这样在头脑里就有了该建筑物的大概轮廓、规模，形成了一个该建筑物的立体概念。

5）看建筑详图：了解各部位的详细尺寸、所用材料、具体做法，加深印象，同时也可以考虑怎样进行准备和施工操作。

6）看结构施工图：先从基础平面图开始，然后逐层看结构平面图和详图。了解基础的形式，埋置深度，柱、梁的编号，位置和构造，墙和板的位置，标高和构造。

7）看水电暖通和设备安装图：这些图纸可由专业人员细看。但是，作为砌筑工也要了解管线的走向，设备安装的大致情况，以便做好配合预留孔洞和预埋件。

8）看过全部的图纸后，对该建筑物就有了一个整体的概念，然后再针对性地细看本工种图纸的内容。砌筑工要重点了解砌体基础的深度、大放脚情况、墙身情况，使用什么材料、什么砂浆，是清水墙还是混水墙，每层多高，圈梁、过梁的位置，门窗洞口位置和尺寸，楼梯和墙体的关系，特殊节点的构造，厨卫间的要求，有些什么预留孔洞和预埋件，墙体的锚拉筋情况等。

（2）看图的要点：一张图纸只能表达建筑物的一部分内容，要一套图纸才能形成一个完整的建筑物。所以，看图不能孤立地看，要综合地全面地看。看图要注意如下要点：

1）平面图

① 看房屋的平面图，要从首层看起，逐层向上直到顶层。首层平面图要详细看，这是平面图最重要的一层。

② 看平面图的尺寸，先看控制轴线间尺寸。把轴线关系搞清楚，弄清开间，进深的尺寸和墙体的厚度，门垛尺寸，再看外形尺寸，逐间逐段核对有无差错。

③ 核对门窗尺寸、编号、数量及其过梁的编号和型号。

④ 看清楚各部位的标高，复核各层标高并与立面图、剖面图对照是否吻合。

⑤ 弄清各房间的使用功能，加以对比，看是否有什么不同之处及墙体、门窗增减情况。

⑥ 对照详图看墙体、柱的轴线关系，是否有偏心轴线的情况。

2）立面图

① 对照平面图的轴线编号，看各个立面图的表示是否正确。

② 将四个立面图对照起来看，是否有无不交圈的地方。

③ 弄清外墙装饰所采用的材料及使用范围。

3）剖面图

① 对照平面图核对相应剖面图的标高是否正确，垂直方向的尺寸与标高是否符合，门窗洞口尺寸与门窗表的数字是否吻合。

② 对照平面图校核轴线的编号是否正确，剖切面的位置与平面图的剖切符号是否符合。

③ 校对各层楼地面、屋面的做法与设计说明并与立面图对照是否有矛盾。

4）详图

① 查对索引符号，明确使用的详图，防止差错。

② 查找平、立、剖面图上的详图部位，对照轴线仔细核对尺寸、标高、避免错误。

③ 认真研究细部构造和做法，选用材料是否科学，施工操作有无困难。

④ 多看实物，积累感性知识，为了提高自己的识图能力，多看实物是一个捷径，观察实物时应掌握以下几个特点：

（a）实物与图纸对照看：看实物时，尽量把该实物的图纸找来看，或者看图纸后再看已建的实物。在对照看的时候要注意各个部位反映在图纸上的节点图。看不懂的地方可以向老师傅和有关工程技术人员请教。

（b）边看边记，积累资料：在看实物时，切忌走马观花，要细微观察和比较各部位构造、尺寸及相互关系。描绘草图要从多个视角，并绘出平、立、剖面图。有可能的话，可用照相机或摄像机拍摄下来仔细研究。这样通过看、绘、分析和研究，既提高了识图能力，又积累了宝贵的资料。

8. 如何审核施工图

作为高级砌筑工除了能看懂本工种的复杂施工图之外，还应该学会审核一般常见的施工图纸，这样就必须了解设计的施工图的工程特点和设计意图，发现图纸上的差错，将图纸中可能存在的问题及质量隐患消灭在萌芽状态。图纸的审核包括自审和会审，其步骤如下：

（1）学习设计图纸：熟悉设计图纸的过程，就是学习图纸的过程。按照前面说到“先粗后细、先总后分、图文结合、建结对照，交叉看阅”的识图原则，做到逐步理解和深化。一边看、一边思考、建立空间主体形象；有些地方还要动手算一下，查一查有关规范资料，有疑问的地方记下来，在进一步深入学图时或在会审图纸交底时得以解决。

（2）掌握审图要点：

1）审图顺序：基础→墙身→屋面→构造→细部。

2）先看图纸说明是否齐全，前后有无矛盾和差错，轴线、标高各部分尺寸是否清楚及吻合。

3）节点大样是否齐全、清楚。

4）门窗、洞口位置、大小、标高有无差错，是否清楚。

5）本工程应预留的槽、洞及预埋件的位置、数量、尺寸是否清楚、正确。

6）使用的材料（特别是新材料和特殊材料）规格、品种是否满足。

7）有无特殊施工技术要求和新工艺，操作上有无困难，能否保证质量和安全。

8）本工种与其他工种，特别是与水电安装之间的配合有无矛盾。

在学习图纸的基础上，围绕审图要点，对照图纸，逐个审核，把不能解决的疑难和图纸上的问题记下来，交给有关施工人员，在图纸会审时解决。

（3）施工单位内部自审：施工单位内部自审是图纸会审的前期工作。通过内部自审可以解决看图过程中的部分问题，提高有关人员的审图能力，可以比较准确地汇集施工图纸中的问题，防止重复，及时有条理地提供给设计人员，以便在图纸会审交底时解决。可以提高会审效率，减少时间。

1）施工单位内部施工图自审，应由技术负责人主持，施工技术人员、管理人员、预决算人员及主要工种的技术骨干等参加。

2）自审的方式一般是由负责人审图，分别把各自发现的问题及自己的意见逐张逐条说明解释，其他人员补充意见，由自审会议主持人（技术负责人）主持讨论研究，统一意见后，汇集成文字或图形，以备会审时使用。

3）汇总整理的施工图自审意见，一式几份，可以事先提交给设计单位、建设单位和监理单位及其他有关人员，使其先行审阅和对照图纸查对。

二、房屋构造、砖石结构和抗震基本知识

（一）房屋建筑构造的基本知识

房屋建筑是由多种部件（也称构件和配件）组成的，这些部件又都是由不同的建筑材料制成的。不同部件和不同的建筑材料组成不同类别建筑构造的房屋，这就是房屋建筑构造研究的对象。

1. 房屋建筑的分类

（1）按用途分类

1）工业建筑：供人们从事生产活动的场所，如机械厂、炼钢厂、造船厂、发电厂、电子元件生产厂、电视机生产厂等，以及附属这些厂房的食库、变电室、锅炉房、水塔及构筑物。

2）民用建筑：供人们居住、生活、学习和文化娱乐的场所。它又分为民用建筑（如住宅、旅馆、公寓等）和公共建筑（如办公楼、学校、医院、商场、影剧院、车站等）两类。

3）农业生产建筑：是人们从事农业生产而修造的房屋，如粮仓、畜舍、鸡场等。

4）科学实验建筑：是为科学技术的发展和科学实验而建造的房屋，如高能物理研究试验楼、原子试验小型反应堆、电子计算中心等。

5）体育建筑：是专为体育训练、锻炼和比赛而修建房屋设施，如体育馆、体育场、游泳馆、球场、训练场等。

（2）按结构承重形式分类

1）砌体结构：屋面、楼面和墙身的承重都是由砖块墙来承

受，并传至到基础到地基，如普通砖混房屋。

2）排架结构：有屋架支承在柱子上，中间有各种支撑，形成铰接的空间结构，如单层工业厂房就属于排架结构形式。

3）框架结构：由混凝土的柱基础、柱子、梁、板的屋盖结构组成的结构形式，如多层工业厂房、多层公共建筑等。

4）筒体结构：随着高层建筑的出现而发展起来的结构形式，它的外围和电梯井筒，是由密集的钢筋混凝土柱或连续的钢筋混凝土墙体构成的，形成筒体，它的整体性好、刚度大，适用于高层建筑。

（3）按结构承重材料分类

1）木结构房屋：主要是用木材来承受房屋的荷载，用砖石作为围护的建筑，如古建筑、旧式民居。目前已很少修建这样的房屋。

2）砖石结构房屋：主要是指以砖石砌体为房屋的承重结构，其中，楼板可以用钢筋混凝土楼板或木楼板，屋顶使用钢筋混凝土屋架，木屋架或屋面板及其斜屋面盖瓦。

3）混凝土结构房屋：主要承重结构，如柱、梁、板、屋架都是采用混凝土制成的。目前，建筑工程中广泛采用这种结构形式。

4）钢结构房屋：主要骨架采用钢材（主要是型钢）制成，如钢柱、钢梁、钢屋架。一般用于高大的工业厂房及超高屋建筑。

2. 房屋建筑的等级

（1）结构设计使用年限分类见表2-1。

结构设计使用年限 **表2-1**

类别	设计使用年限（年）	示　例
1	5	临时性结构
2	25	易于替换的结构构件

续表

类别	设计使用年限（年）	示　例
3	50	普通房屋和构筑物
4	100	纪念性建筑和特别重要的建筑结构

（2）建筑结构的安全等级，建筑结构设计时，应根据结构可能产生的后果（危及人的生命，造成经济损失，产生社会影响等）的严重性，采用不同的安全等级。建筑结构安全等级划分见表 2-2。

建筑结构的安全等级　　表 2-2

安全等级	破坏后果	建筑物类型
一级	很严重	重要的房屋
二级	严重	一般的房屋
三级	不严重	次要的房屋

注：1. 对特殊的建筑物，其安全等级应根据具体情况另行确定。
2. 地基基础设计安全等级及按抗震要求设计时建筑结构的安全等级，尚应符合国家现行有关规范的规定。

（3）建筑物的耐火等级分为一、二、三、四级。

3. 房屋建筑的构造

（1）民用建筑的构造，民用建筑一般由以下部件组成：

地基与基础：在建筑物中，承受建筑物的全部荷载，并与土层直接接触的部分叫基础。支承基础的部分叫地基。

墙和柱：房屋的承重和围护构件。

楼板：房屋的水平承重构件。

楼梯：上下楼层的通道。

屋盖：房屋顶部的承重和围护构件，可防止日晒雨淋。

门窗：供人员进出的为门，供通风采光的部件为窗。

其他：除此以外其他部件如：阳台、雨篷、台阶等。

民用建筑的组成见图 2-1 所示。

1）地基和基础

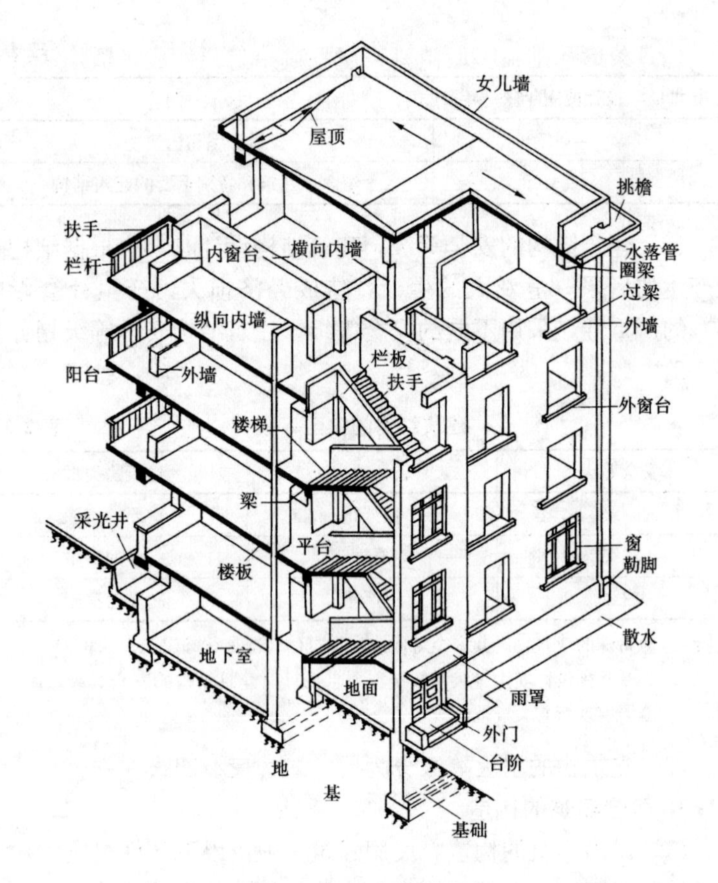

图 2-1　民用建筑的组成

① 地基：基础下面承受建筑物全部荷载的土层称为地基。地基每平方米能够承受基础传递下来荷载的能力，称为地基承载力。地基又分为天然地基和人工地基。

(a) 天然地基：不经人工处理能直接承受房屋荷载的地基。

(b) 人工地基：由于土层较软弱或较复杂，必须经过人工处理，使其提高承载能力，才能承受房屋荷载的地基。

② 基础：传递房屋上部荷载到地基的中间构件。房屋的荷载和结构形式不同，其基础也不同。按构造形式一般分为：

(a) 条形基础：一般由砾石或混凝土材料做成，适用于砖墙承重的住宅、办公楼等多层建筑如图 2-2 所示。

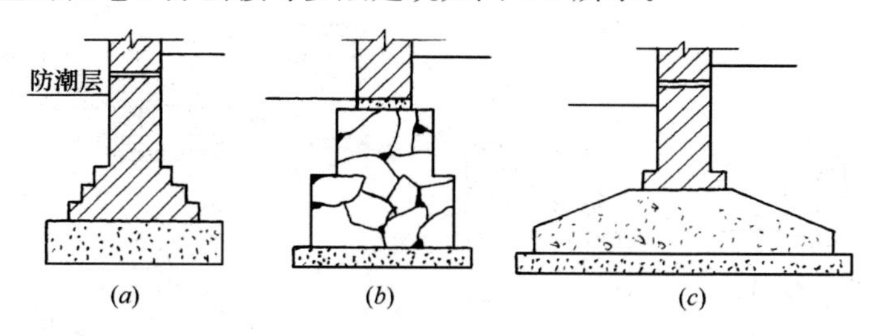

图 2-2　条形基础

(b) 独立基础：一般采用钢筋混凝土制成。适用于柱下基础，如图 2-3 所示。

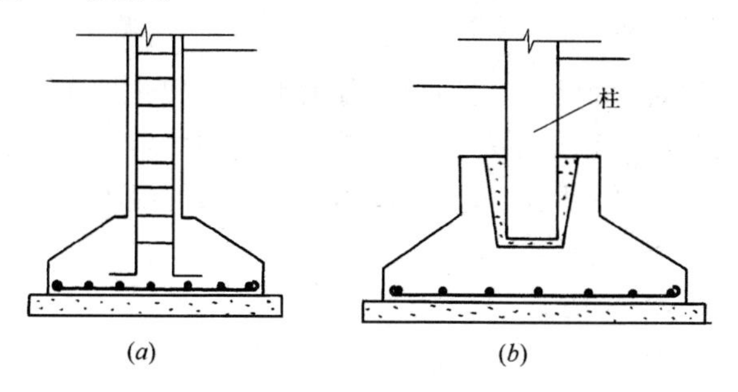

图 2-3　独立基础

(a) 现浇柱下独立基础；(b) 预制柱下杯形基础

(c) 桩基：当建筑物上部荷载很大时，地基软弱土层又较厚而采用的基础形式。它是由桩身和承台两部分组成，统称为桩基础，如图 2-4 所示。

(d) 整体式基础：把房屋的基础做成一大块整体结构，一般是用钢筋混凝土做成，形式有筏形和箱形两种。筏形的为梁板式结构，箱形的做成地下室的构造，如图 2-5 所示。

2) 墙体

① 墙体的类型：按墙体在平面上所处的位置不同，可分为

内墙和外墙。外墙是指房屋四周与室外接触的墙，位于室内的墙叫内墙（图 2-6）。

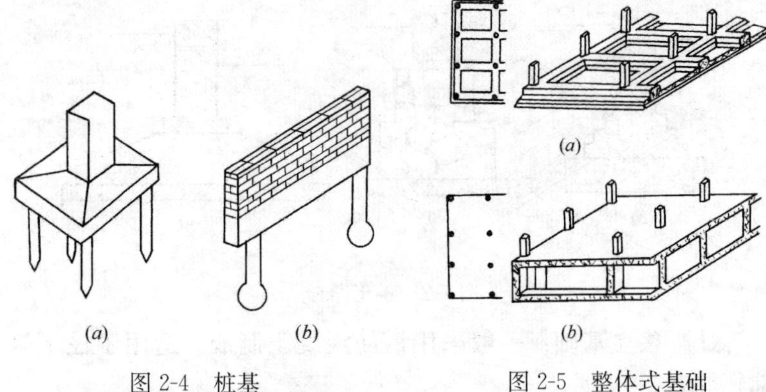

图 2-4　桩基

（a）独立柱下桩基；（b）地梁下桩基

图 2-5　整体式基础

（a）筏基；（b）箱基

按照墙是否承受外力的情况分为承重墙和非承重墙。承受上部传来的荷载的墙是承重墙，只承受自重的墙是非承重墙。

根据使用的材料不同，可分为砖墙、石墙、混凝土板墙、砌块墙和轻质材料隔断墙等。

② 墙体的作用：

（a）受力作用：主要承受房屋从屋顶、楼层传来的自重、人和设备的可变荷载以及风、雪、地震冲击等特殊荷载。

（b）围护作用：外墙具有遮风挡雨、隔热御寒、阻隔噪声的作用，内墙除了分隔房间的作用外，还能隔声和防火等。

（c）分隔空间的作用：内墙可将建筑物按不同用途一一分隔开来，墙体的种类见图 2-6，外墙的构造见图 2-7 所示。

③ 墙面的装饰装修构造：

（a）墙面的装修，第一可保护墙体不被侵蚀，第二可改善墙体的物理性能，第三可以使房屋更美观。

（b）墙面装修分为室外装修和室内装修。

（c）墙面装修时要分层组合，一般分面层、中层和底层，如图 2-8 所示。

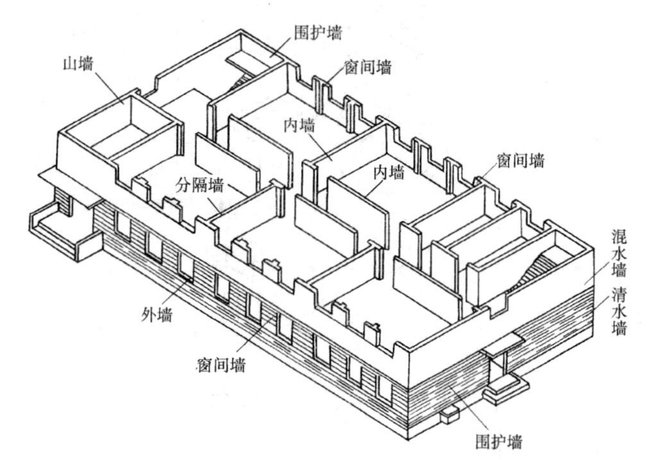

图 2-6　墙体的种类

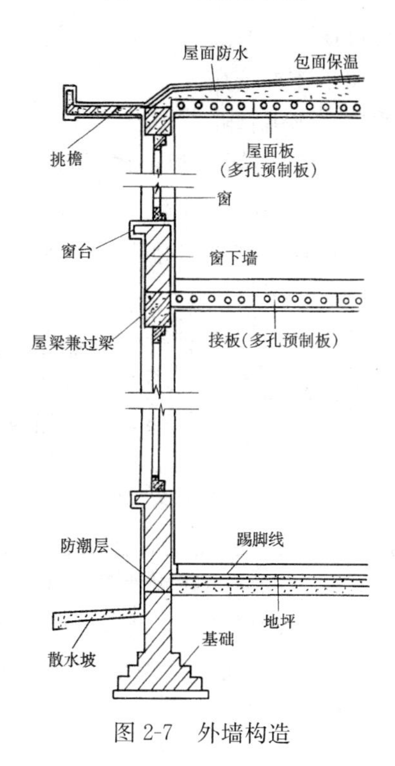

图 2-7　外墙构造

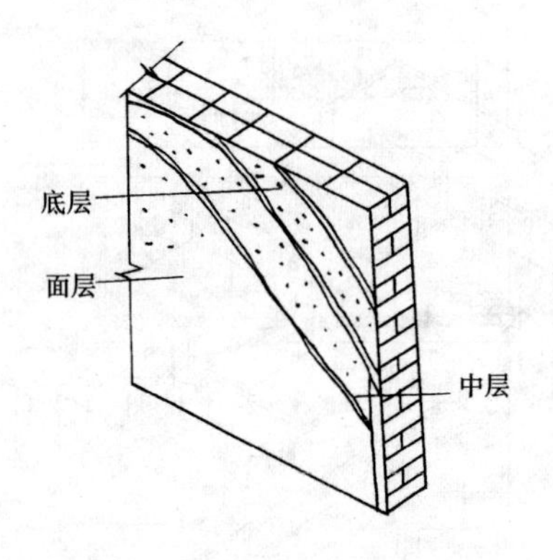

图 2-8　墙面装修分层构造

3）楼板和地面

① 楼板的作用和类型：

（a）承受楼板自重，房内部的设施和人们活动产生的荷载。

（b）对墙体起水平支撑作用。

（c）上下层的分隔作用和隔声作用。

（d）类型分木楼板和钢筋混凝土楼板，后者又分为现浇钢筋混凝土楼板和预制钢筋混凝土楼板。

预制钢筋混凝土楼板可分为预制实心楼板、槽形板、室心板等，如图 2-9～图 2-11 所示。

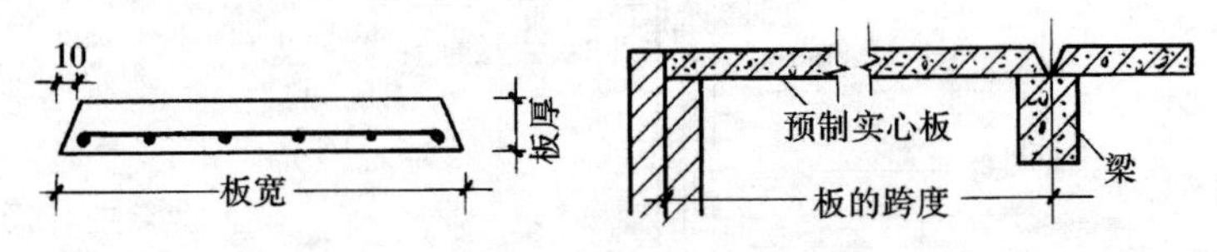

图 2-9　预制实心板

② 地面：将室内土层进行压实，使之达到设计密实度的要求，然后在上面做成不同的面层就叫地面。地面根据使用的不同要求有不同的做法，常见的做法有：水泥地面、水磨石地面、地砖地面、大理石地面、木地面、耐磨地面、耐火地面、塑料地面等。

③ 楼面和地面的层次构造：一般分为面层、中间层和基层。

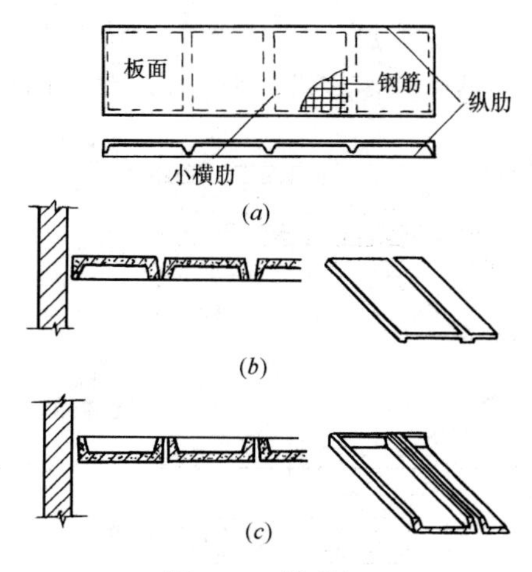

图 2-10　槽形板

(a)、(b) 正槽形板；(c) 反槽形板

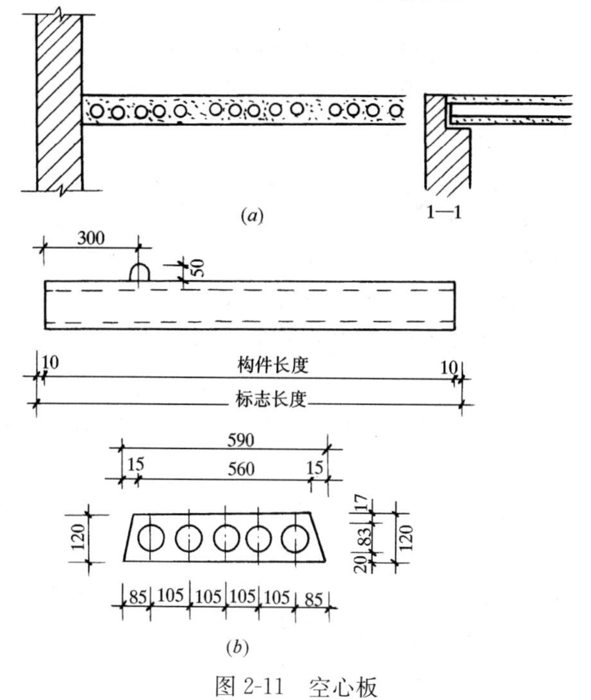

图 2-11　空心板

中间层包括垫层、找平层、粘结层等。图 2-12 为水泥砂浆楼（地）面的分层构造示意图（另一半表示了块料面层的构造）。

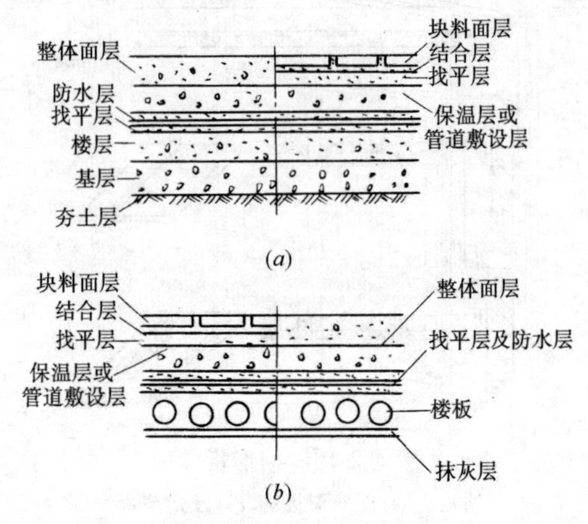

图 2-12　楼地面构造

(*a*) 水泥地面构造；(*b*) 水泥楼面构造

4）门窗

① 门的作用：

(a) 通行与安全疏散出入口。

(b) 围护、隔断、保证使用安全和挡风作用。

(c) 装饰作用。门作为人流最多的出入口，它的选料和安装布置，可对整个建筑物起到美化装饰作用。

② 门的种类：

(a) 按材料分有木门、钢门、铜门、铝合金门、塑料门、不锈钢门、玻璃门等。

(b) 按开启方式分有平开门、弹簧门、推拉门、折叠门、卷帘门、转门等。

③ 门的构造：门由门框、门扇、框扇连接的合页及门锁、拉手、插销等组成。还有装饰压条等，如图 2-13 所示。

④ 窗有采光、通风和围护作用。

⑤ 窗的种类：

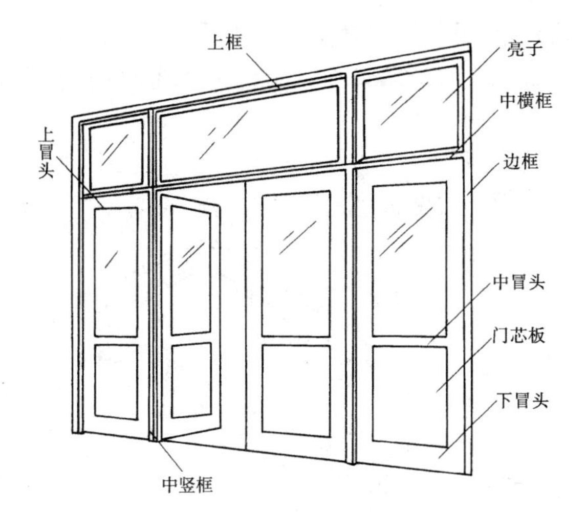

图 2-13　门的组成

（a）按材料分有木窗、钢窗（限制使用）、铜窗、铝合金窗、塑料窗、铝塑窗等。

（b）按开启方式分有平开窗、固定窗、转窗和推拉窗等。

（c）窗的构造：窗由窗框、窗扇、合页及插销、拉手等组成，如图 2-14 所示。

5）屋盖

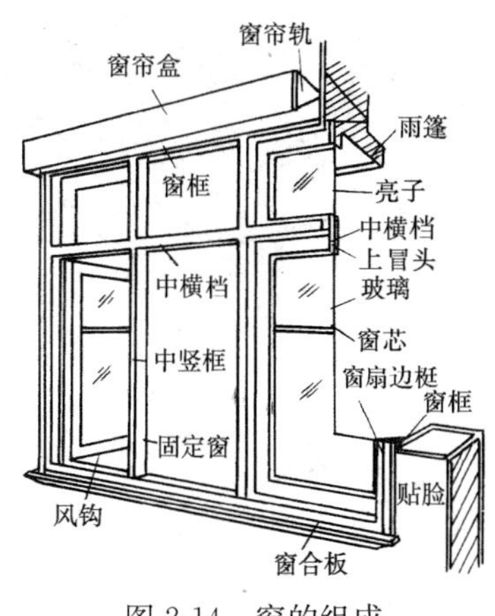

图 2-14　窗的组成

① 屋盖的作用：屋盖是房屋最上面的外围护构件，起覆盖作用，可抵抗雨雪、遮蔽日晒、能起到保温、隔热和稳定墙身的作用。

② 屋盖的类型：

(a) 平屋面：坡度很小、接近平面，如图 2-15 所示。

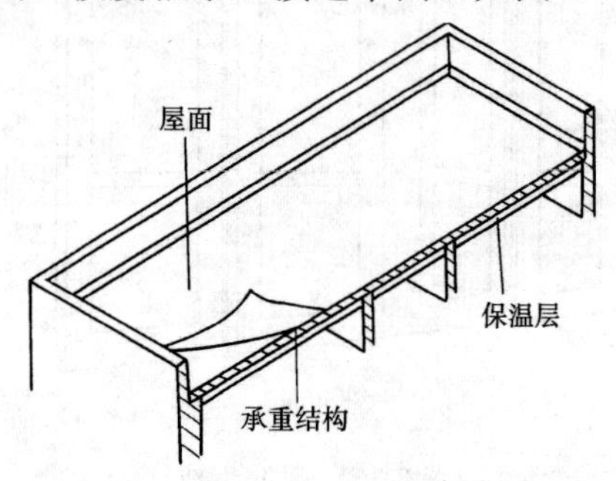

图 2-15　平屋面

(b) 坡屋面：坡度大于 15%的屋面称为坡屋面，如图 2-16 所示。

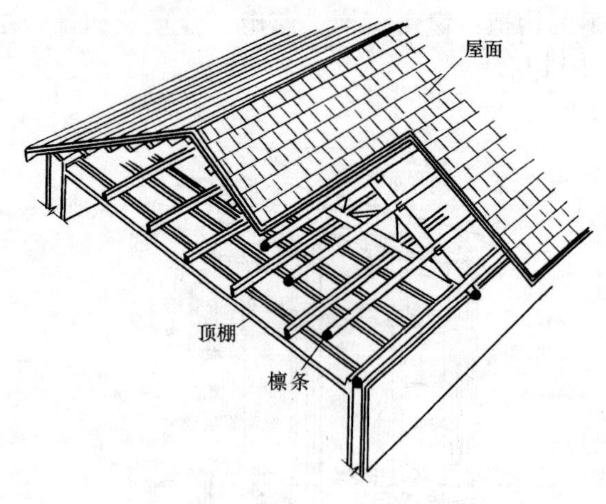

图 2-16　坡屋面

(c) 曲屋面：由圆筒形、球形、双曲面形成的屋面统称为曲屋面，如图 2-17 所示。

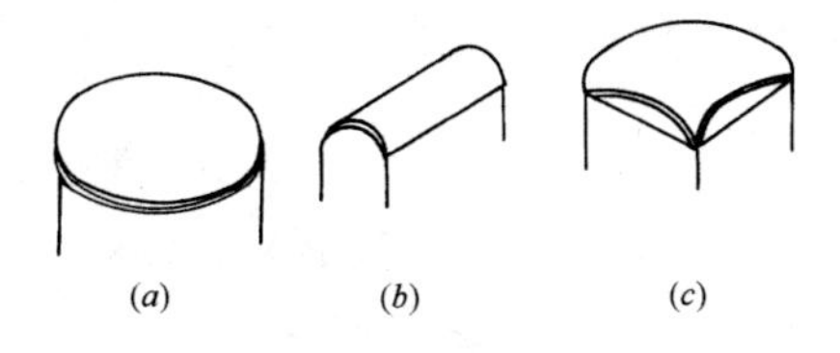

图 2-17　曲面屋盖

③ 屋盖的构造：

(a) 平屋面及各种曲屋面主要由结构层、找平层、隔汽层、保温层、防水层及覆面保护层组成，如图 2-18 所示。

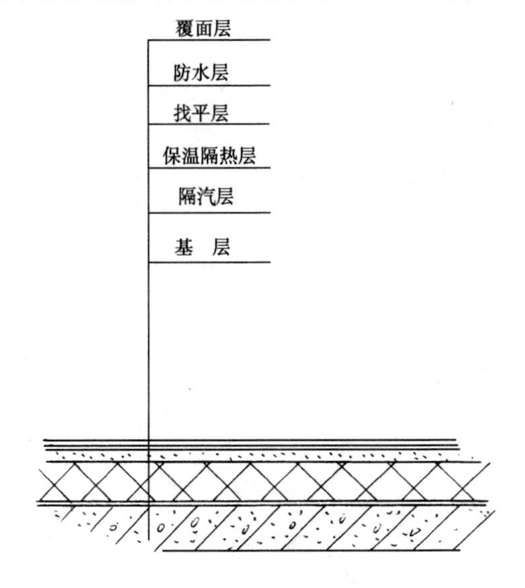

图 2-18　平屋面的构造

(b) 坡屋面一般采用瓦片防水，其构造由结构层（屋架、檩条、钢筋混凝土板等）、基层（椽子、望板、油毡及其他新型防水卷材、挂瓦条等）、防水层（瓦片）组成。图 2-19 所示为传统做法的机制平瓦屋面的构造。

6) 楼梯

① 楼梯的作用：它是给人们提供楼层上下交通的通道，主

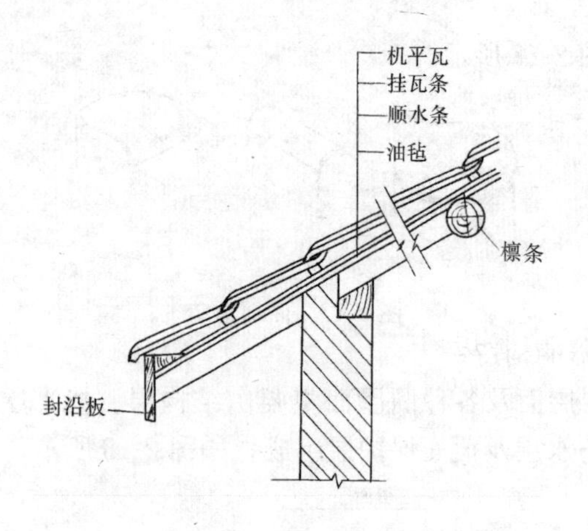

图 2-19　坡屋面的构造

楼梯、设在大厅里的楼梯及其栏杆（板）还能起到装饰的效果。

② 楼梯的组成：一般由楼梯段、休息平台、栏杆（板）和扶手等组成，如图 2-20 所示。

③ 楼梯的形式：楼梯形式分单跑楼梯、转折双跑和转折三

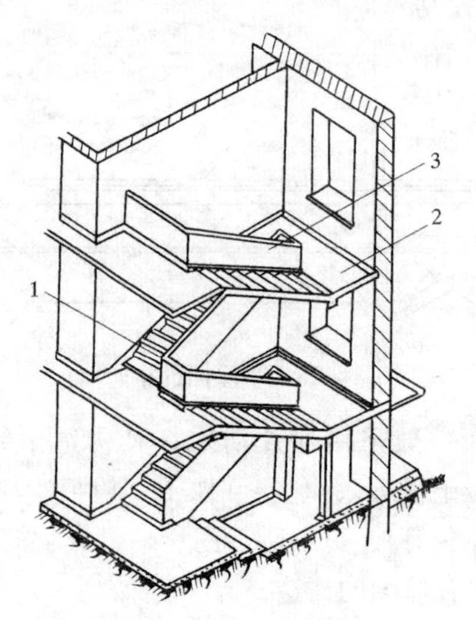

图 2-20　楼梯的组成

1—楼梯段；2—休息平台；3—栏杆或栏板

跑楼梯，还有弧形、螺旋形、悬挑式、剪刀式等多种，最常用的是转折双跑楼梯。

④ 楼梯按使用材料不同，可分为木楼梯、钢楼梯、钢筋混凝土楼梯等。目前，使用最多的是钢筋混凝土楼梯。

7）阳台、雨篷、台阶

① 阳台：是房屋楼层处于室外的部分，可分为挑阳台和凹阳台两种。目前一般都是用钢筋混凝土制成（图 2-21）。

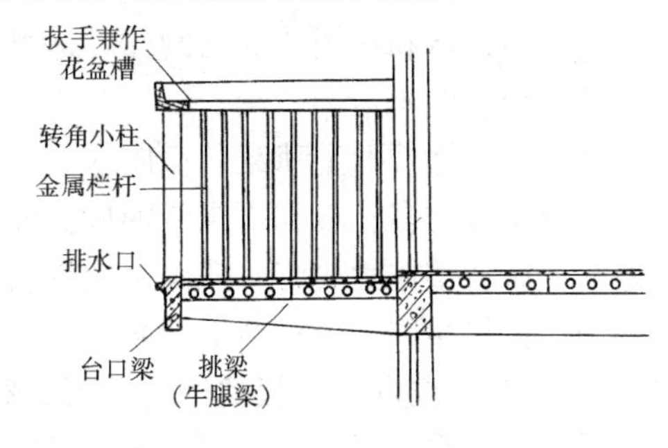

图 2-21　阳台

② 雨篷：是建筑物入口处遮挡雨雪，保护外门免受雨淋的构件，大多是悬挑式的，一般不上人。

③ 台阶：是房屋室内和室外地面联系的过渡，台阶根据室内外高差有若干踏步。图 2-22 所示为各种不同形式的台阶。

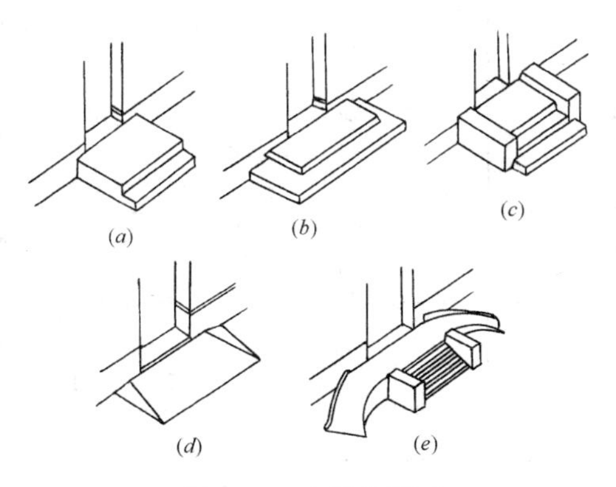

图 2-22　台阶的形式

（*a*）单面踏步式；（*b*）三面踏步式；（*c*）单面踏步带方形石；（*d*）坡道；（*e*）坡道与踏步结合

（二）砖石结构和抗震基本知识

1. 砖石结构主要构件的构造和作用

墙体的构造和作用前面已阐述，这里不再赘述。

（1）楼板的构造和作用

楼板是承担楼面上荷载的横向水平构件。砖石结构中的板主要有预制预应力多孔板和现浇板两种。前者施工速度快，但整体性差些；后者整体性较好，但施工周期较长且材料耗费较多。它们的作用虽然相同，但构造上却各有特点，现分述如下：

1）现浇钢筋混凝土板的构造：图 2-23 为现浇板的结构平面图。板支承于梁及纵墙上，梁支承于墙或柱上。一般墙上（或板底）均设圈梁，板与圈梁相连接。

2）预应力多孔板的构造：预应力多孔板常用于砖混结构房

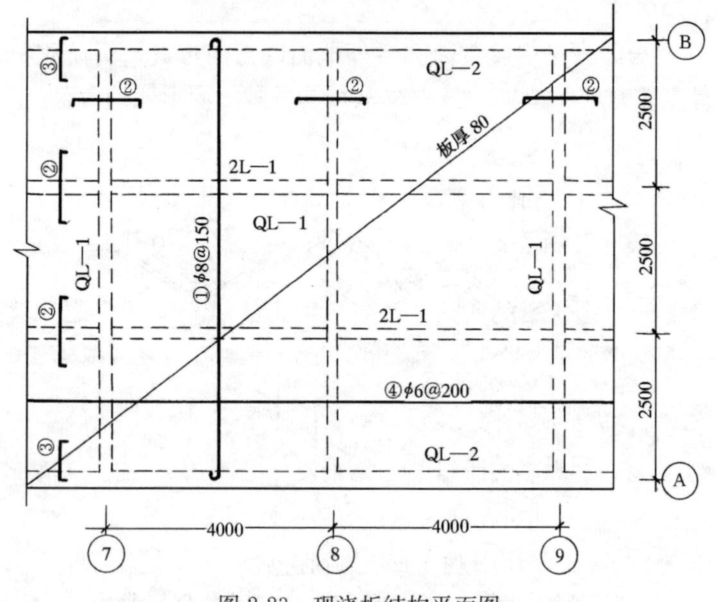

图 2-23　现浇板结构平面图

①—主筋；②、③—板面构造筋；④—分布筋

屋中，一般板厚 11～12cm，有五孔、六孔等。由于多孔板是空心的，搁置于墙上的板头局部抗压强度较低，所以必须用混凝土堵头，多孔板的两边不可嵌入墙内（见图 2-24）。

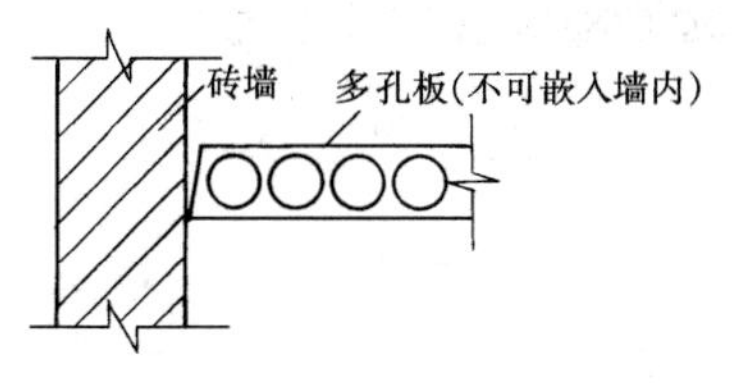

图 2-24　多孔板与墙平行时的布置方式

由于多孔板是相互分开搁置于墙（梁）上的，因此必须采取措施使楼（屋）面的板边成整体，其连接构造如下：

① 板与板的连接：板缝需用 C20 细石混凝土灌捣密实，板缝的下端宽度以 10mm 为宜，板缝过宽时，则应按楼面荷载作用于板缝上计算配筋。板缝间应配筋（见图 2-25），以加强楼板的整体刚度和强度。

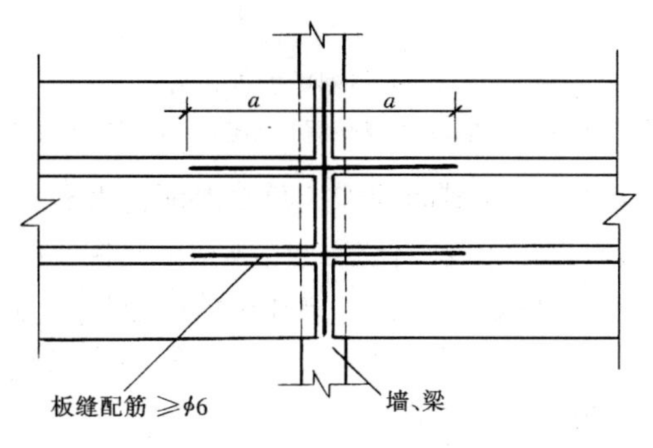

图 2-25　板缝间的配筋

② 板与墙、梁的连接：预制板搁置的墙上应有 20mm 的铺灰，其中 10mm 为坐灰。铺灰材料采用与砌体相同强度的砂浆，但不应低于 M5。板的支座上部设置锚固钢筋与墙或梁连接，具体构造见图 2-26。

3）板的作用：除了把垂直荷载传递给墙及梁之外，砖石结构在水平荷载（如风荷载、地震荷载）作用下，楼（屋）盖起着支承纵墙的水平梁作用，并通过楼（屋）盖本身水平向的弯曲和剪切，将水平力传给横墙。因此，板经过灌缝、配筋及后浇面层与梁、墙连接成整体，承受楼（屋）盖在水平方向发生弯曲和剪

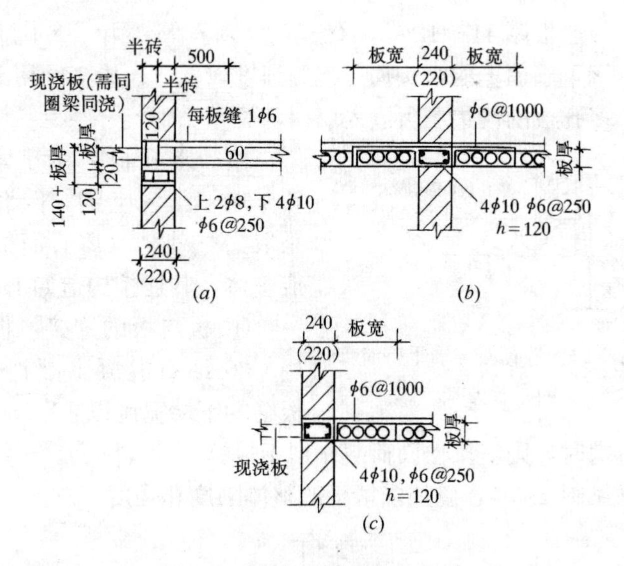

图 2-26　板与圈梁的连接方式

(*a*) 与L形圈梁连接；(*b*) 板面圈梁情况；(*c*) 与板面圈梁连接

切时产生的内力；板和横墙的连接起着保证将水平力传给横墙的作用；板和纵墙连接承受纵墙传给楼板（屋面板）的水平压力或吸力，并保证纵墙的稳定。板、梁和墙体的连接不但要保证水平荷载的传递，当梁板作用在墙上的荷载是偏心荷载时，连接处还要承受偏心荷载引起的水平力。

（2）圈梁的构造及作用

1）圈梁的构造：圈梁一般应设置于预制板同一标高处或紧靠板底，截面高度不宜小于 120mm。圈梁应闭合，遇有洞口应上下搭接（见图 2-27*b*）。圈梁钢筋的接头应满足图 2-27（*a*）、（*b*）的要求。

2）圈梁的作用：圈梁的主要作用一是提高空间的刚度，增加建筑物的整体性，防止因不均匀沉降、温差而造成砖墙裂缝；二是提高砖砌体的抗剪、抗拉强度，提高房屋的抗震能力。

（3）构造柱的构造及作用

1）构造柱的构造：按照抗震设防的要求，砖混结构应按规

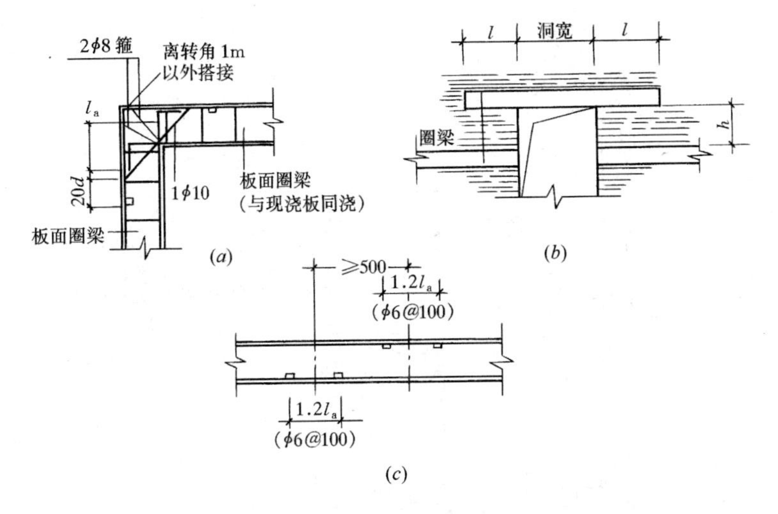

图 2-27 圈梁的构造要求

(a) 转角处板面圈梁之间连接；(b) 圈梁被洞口切断处；(c) 圈梁钢筋搭接

定设置构造柱。构造柱最小截面可采用 240mm×180mm，纵向钢筋宜≥4φ12，箍筋间距不宜大于 250mm，且在柱上下端适当加密（图 2-28）。当设防烈度等于 7 度时，根据层高不同纵向钢筋采用 4φ14，箍筋间距不应大于 200mm。

构造柱与墙接合面，宜做成马牙槎，并沿墙高每隔 500mm 设 2φ6 拉接筋，每边伸入墙内不小于 1m，构造柱的马牙槎从柱脚或柱下端开始，砌体应先退后进，以保证各层柱端有较大的断面（图 2-29）。

构造柱应与圈梁可靠连接，如图 2-29 所示，隔层设置圈梁的房屋，应在无圈梁的楼层增设配筋砖带。

构造柱可不单独设置基础，但应伸入室外地面下 500mm，或锚入浅于 500mm 的基础圈梁内，如图 2-29 所示的构造柱根部形式。

出屋面的建筑物，构造柱应伸到顶部，并与顶部圈梁连接。

女儿墙应设构造小柱。当地震烈度为 6 度时，间距 3.3h（h 为女儿墙高度），当地震烈度为 7 度时，间距为 2.5h，并宜布置

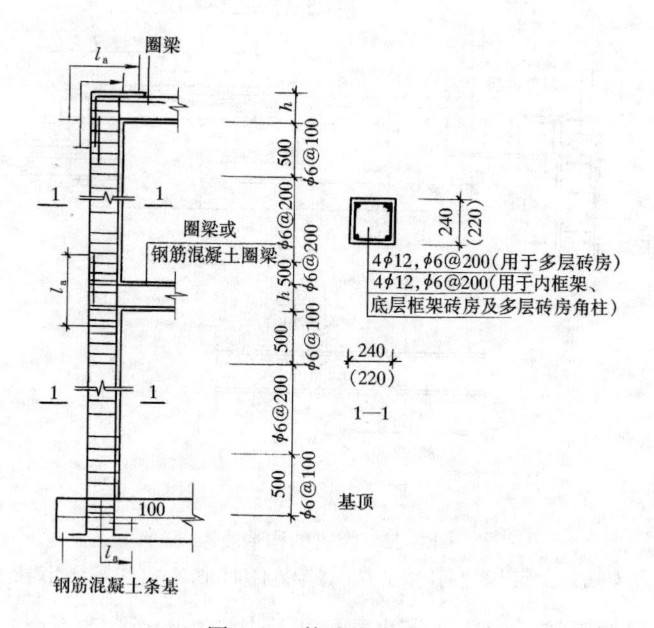

图 2-28　构造柱配筋图

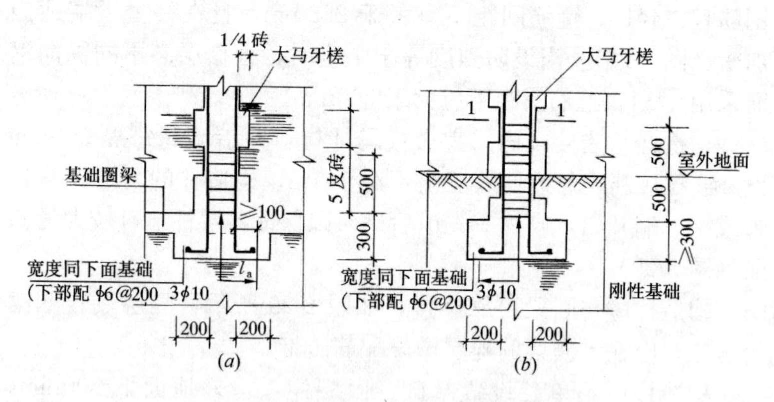

图 2-29　构造柱与砖墙的大马牙槎连接

（a）构造柱置于基础圈梁内；（b）构造柱置于刚性基础上

在横轴线外（图 2-30），构造上应设压顶或圈梁；下部与梁连接（图 2-31）。

2）构造柱的作用：构造柱可以加强房屋抗垂直地震力的能

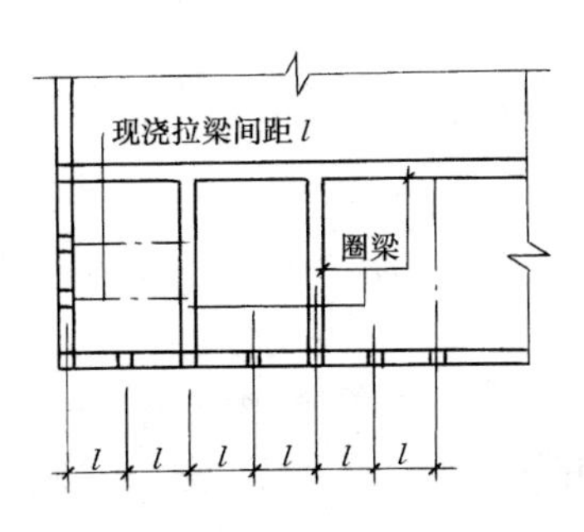

图 2-30　女儿墙小柱构造形式

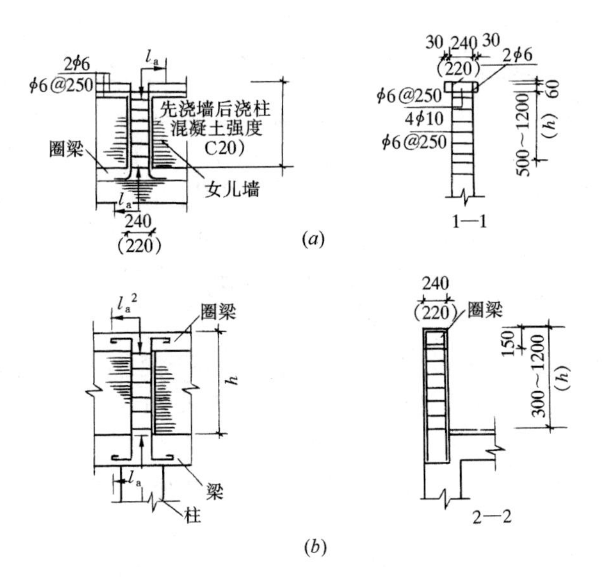

图 2-31　女儿墙小柱与压顶连接

（a）小柱与压顶连接；（b）小柱与圈梁连接

注：6 度设防时 $l=3.3h$；7 度设防时 $l=2.5h$。

力，特别是承受向上地震力时，由于构造柱与圈梁连接成封闭环形，可以有效地防止墙体拉裂，并可以约束墙面裂缝的开展。通用构造柱的设置，可以加强纵横墙的连接，也可以加强墙体的抗剪、抗弯能力和延性，从而提高抗水平地震力的能力。

此外，构造柱还可以有效地约束因温差而造成的水平裂缝的发生。

（4）挑梁、阳台和雨篷

挑梁、阳台和雨篷都是砖石结构中的悬挑构件。阳台、雨篷有梁式和板式两种。梁式结构由挑梁和简支板组成，板式结构类似变截面的挑梁。

挑梁在墙根部承受最大负弯矩，截面的上部受拉，下部受压，故截面的上端钢筋为受力钢筋，下端为构造钢筋（图2-32）。

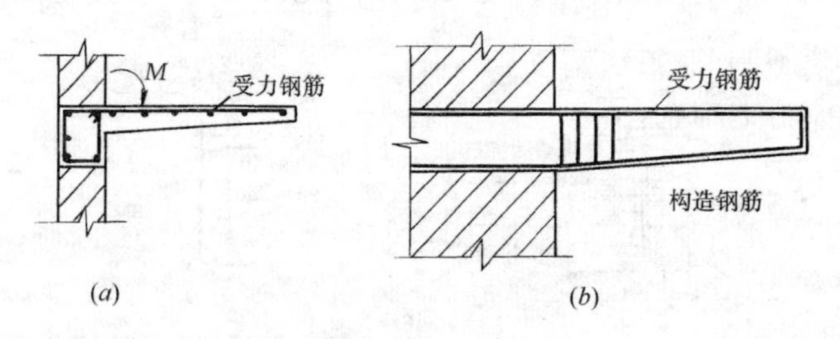

图 2-32 悬挑构件的钢筋构造

（a）雨篷板；（b）阳台挑梁

挑梁伸入墙内长度的确定，要考虑由于梁悬挑而引起的倾覆因素。伸入墙内的梁越长，压在梁上的墙体重量越大，抵抗倾覆的能力愈强。所以规范规定：挑梁纵向受力钢筋至少应有1/2的钢筋面积伸入梁尾端，且不少于2ϕ12。其他钢筋伸入支座的长度不应小于$2L_1/3$；挑梁埋入砌体长度L_1挑出长度L之比宜大于1.0；当挑梁上无砌体时，L_1与L之比宜大于2。阳台承受在其上面活动的人、物荷载及自重，挑梁则承受阳台板传来的荷载，并通过伸入墙内的挑梁防止阳台的倾覆。另一方面阳台又起遮雨的作用。挑梁伸入墙内的长度一般设计图上均注明约为挑出长度的1.5倍，砌砖时应予以留出；此外，阳台面的泛水防水亦应予以重视。

（5）楼梯

楼梯是楼层间的通道，它承担疏通人流、物流的作用。受到自身荷载、人和物的活荷载，有时还要受水平力的作用，并把力传递到墙上去。楼梯由楼梯段、楼梯梁、休息平台构成。在构造上分为梁式楼梯和板式楼梯两种；施工上又分为预制吊装的构件式和现场支模浇灌混凝土的现浇式两种；图 2-33 和图 2-34 为板式楼梯平面、剖面和构造配筋图。

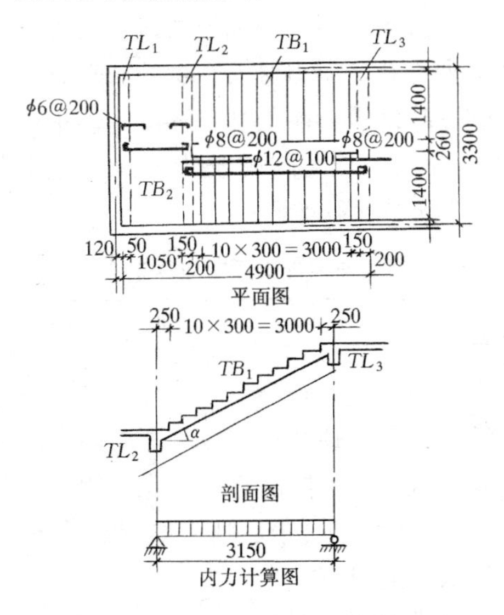

图 2-33　板式楼梯的平面及剖面图

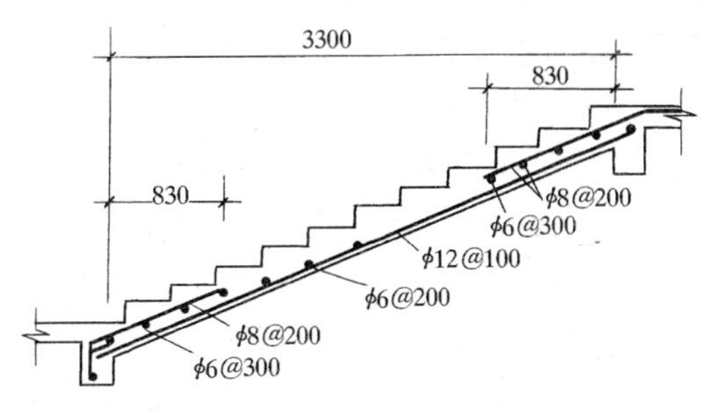

图 2-34　板式楼梯配筋

一般情况下，现浇楼梯的踏步板不宜直接支承在承重墙上，因为支承在承重墙上会造成施工复杂且削弱砖墙的承载力。起步（首层）宜设置在基础梁上。

2. 地震的一般知识

地震分为陷落地震、火山地震、构造地震三类。

地震的大小和强烈的程度，在国际上用震级和烈度表示。

（1）震级：震级是地震时发出能量大小的等级，国际上用地震仪来测定，一般分为九级。震级越大地震力也越大。

（2）烈度：烈度是地震力对人产生的震动感受以及对地面和各类建筑物遭受一次地震影响的强弱程度。震中点的烈度称“震中烈度”。表 2-3 为震中烈度与震级的大致对应关系表。目前我国采用的地震烈度分为 12 个等级。

震级与烈度大致对应关系表 **表 2-3**

震级	2	3	4	5	6	7	8	9
震中烈度	1～2	3	4～5	6～7	7～8	9～10	11	12

在日常生活中，人们往往把震级和烈度两者混同起来，这是不对的。为了弄清这两个不同的概念，我们用个比喻来说明。以地震的震级比作炸药量（吨位），那么炸弹对不同地点的破坏程度好比烈度。每次地震只有一个震级，就好比炸弹只有一个吨位一样，是个常数。而烈度就有不同，就像炸弹炸开后，距离远近不同，遭到的破坏程度也不一样。

3. 房屋建筑抗震的原则和措施

地震虽然是一种偶然发生的自然灾害，但只要做好房屋的抗震构造和措施，灾害是可以减轻的。一般措施如下：

（1）房屋应建造在对抗震有利的场地和较好的地基土上。

（2）房屋的自重要轻。

（3）建筑物的平面布置要力求形状整齐、刚度均匀对称，不要凹进凸出，参差不齐。立面上亦应避免高低起伏或局部凸出。体长的多层建筑要设置抗震缝。

（4）增加砖石结构房屋的构造设置。目前普遍增加了构造柱和圈梁的设置。构造柱可以增强房屋的竖向整体刚度。墙与柱应沿墙高每 50cm 设 $2\phi6$ 钢筋连接，每边伸入墙内不应少于 1m。

圈梁应沿墙顶做成连接封闭的形式。

（5）提高砌筑砂浆的强度等级。抗震措施中重要的一点是提高砌体的抗剪强度，一般要用 M5 以上的砂浆。为此，施工时砂浆的配合比一定要准确，砌筑时砂浆要饱满，粘结力强。

（6）加强墙体的交接与连接。当房屋有抗震要求时，不论房间大小，在房屋外墙转角处应沿墙高每 50cm（约 8 皮砖），在水平灰缝中配置 3ϕ6 的钢筋，每边伸入墙内 1m。砌体一定要用踏步槎接槎。非承重墙和承重墙连接处，应沿墙每 50cm 高配置 2ϕ6 拉结钢筋，每边伸入墙内 1m，以保证房屋整体的抗震性能，如图 2-35 所示。

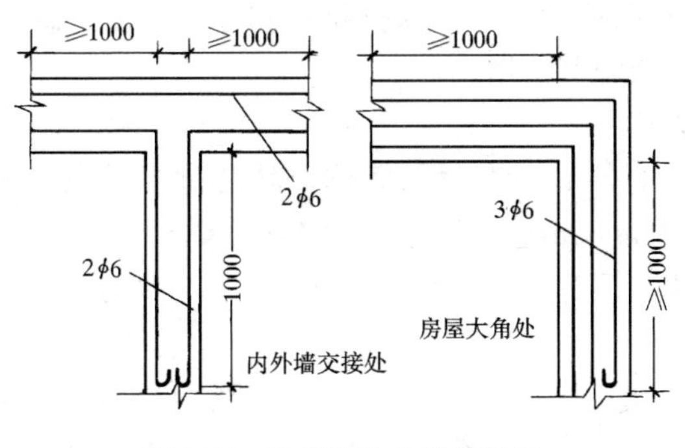

图 2-35　抗震墙体连接构造图

（7）屋盖结构必须和下部砌体（砖墙或砖柱）很好连接。屋盖尽量要轻，整体性要好。

（8）地震区不能采用拱壳砖砌屋面；门窗上口不能用砖砌平拱代替过梁；窗间墙的宽度要大于 1m；承重外墙尽端至门窗洞口的边最少应大于 1m；无锚固的女儿墙的最大高度不大于 50cm；不应采用无筋砖砌栏板；预制多孔板在砖墙上的搁置长度不小于 10cm，在梁上不少于 8cm。

三、常用砌筑材料及工具设备

（一）常用砌筑材料

1. 普通烧结砖

以黏土、页岩、煤矸石、粉煤灰为主要原料经焙烧而成的普通砖（以下简称砖）。为了保护耕地和环境，黏土砖在全国许多地区已禁止或限制使用。

（1）规格

普通砖的外形为直角六面体，其公称尺寸为：长 240mm，宽 115mm，高 53mm。当砌体灰缝厚变为 10mm 时，组砌成的墙体即 4 块砖长等于 8 块砖宽，也等于 16 块砖厚，等于 1m 长的规律。

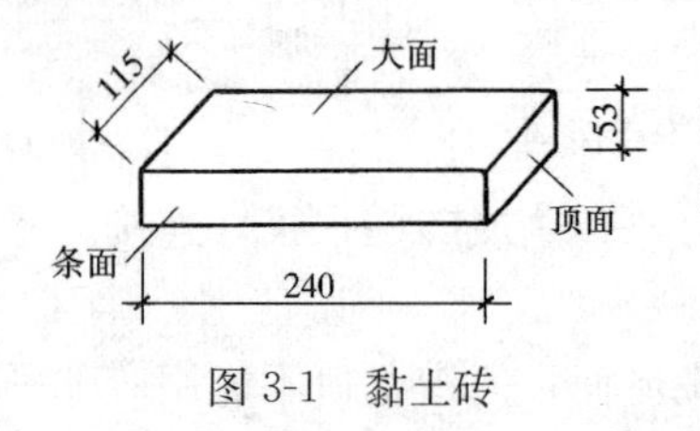

图 3-1　黏土砖

每块砖重，干燥时约为 2.5kg，吸水后约为 3kg。$1m^3$ 体积的砖约重 1600～1800kg。

标准砖各个面的名称如图3-1所示。

空心砖和多孔砖：为了节约土地资源，减少侵占耕地，减轻墙体自重以及达到更好的保温、隔热、隔声等效果，目前在房屋建筑中大量采用空心砖和多孔砖。外形为直角六面体、其长度、宽度、高度尺寸应符合下列要求：

290、240、190、180（mm）

170、110、115、90（mm）

孔洞尺寸应符合表 3-1 的规定。

孔洞尺寸（mm） **表 3-1**

圆孔直径	非圆孔内切圆直径	手抓孔
≤22	≤15	（30～10）×（75～85）

异型砖：在砌筑拱壳、花格、炉灶等部件时，往往由于几何尺寸复杂，砍凿加工困难而事先与砖厂协商订购异型砖。异型砖目前尚无统一规格尺寸，常见的异型砖如图 3-2 所示。

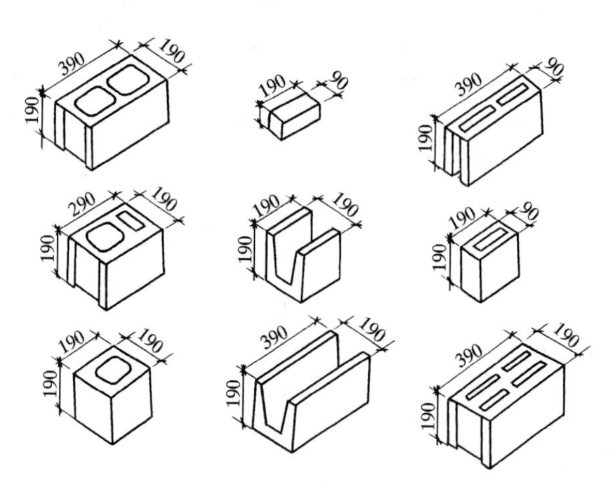

图 3-2　几种异型混凝土空心砌块

（2）质量等级

1）根据抗压强度分为 MU30、MU25、MU20、MU15、MU10、MU7.5 六个强度等级。

2）抗风化性能合格的砖，根据尺寸偏差、外观质量、泛霜和石灰爆裂分为优等品（A）、一等品（B）、合格品（C）三个产品等级，强度等级 MU7.5 的砖不能作为优等品。优等品可用于清水墙和墙体装饰，一等品、合格品可用于混水墙。中等泛霜的砖不得用于潮湿部位。

（3）技术要求

尺寸及外观允许偏差见表 3-2、表 3-3。

尺寸允许偏差（mm）　　表 3-2

公称尺寸	优等品		一等品		合格品	
	样本平均偏差	样本极差≤	样本平均偏差	样本极差≤	样本平均偏差	样本极差≤
240	±2.0	8	±2.5	8	±3.0	8
115	±1.5	6	±2.0	6	±2.5	7
53	±1.5	4	±1.6	5	±2.0	6

外观质量允许偏差（mm）　　表 3-3

项　目		优等品	一等品	合格品
两条面高度差	不大于	2	3	5
弯曲	不大于	2	3	5
杂质凸出高度	不大于	2	3	5
缺棱掉角的三个破坏尺寸	不得同时大于	15	20	30
裂纹长度	不大于			
a. 大面上宽度方向及其延伸至条面的长度		70	70	110
b. 大面上长度方向及其延伸至顶面的长度或条顶面上水平裂纹的长度		100	100	150
完整面不得少于		一条面和一顶面	一条面和一顶面	—
颜色		基本一致	—	—

注：1. 为装饰而施加的色差，凹凸纹、拉毛、压花等不算作缺陷。

2. 凡有下列缺陷之一者，不得称为完整面：

① 缺损在条面或顶面上造成的破坏面尺寸同时大于 10mm×10mm。

② 条面或顶面上裂纹宽度大于 1mm，其长度超过 30mm。

③ 压陷、粘底、焦花在条面或顶面上的凹陷或凸出超过 2mm，区域尺寸同时大于 10mm×10mm。

2. 硅酸盐类砖

(1) 蒸压灰砂砖

是以石灰和砂为主要原料，经坯料制备、压制成型、蒸压养护而成的实心灰砂砖。灰砂砖不得用于长期受热 200℃以上、受急冷急热和有酸性介质侵蚀的建筑部位。

1）规格

砖的公称尺寸为：长度240mm，宽度115mm，高度53mm。

2）技术要求

外观质量，见表3-4。

灰砂砖外观质量　　表3-4

项目	指标（mm）		
	优等品	一等品	合格品
（1）尺寸偏差　不超过			
长度 宽度 高度	±2 ±2 ±1	±2	±3
（2）对应高度差　不大于	1	2	3
（3）缺棱掉角的最小破坏尺寸　不大于	10	15	25
（4）完整面　不少于	2个条面和1个顶面或2顶面和1个条面	1个条面和1个顶面	1个条面和1个顶面
（5）裂纹长度　不大于 ①大面上宽度方向及其延伸到条面的长度	30	50	70
②大面上长度方向及其延伸到顶面上的长度或条、顶面水平裂纹的长度	50	70	100

（2）粉煤灰砖

是以粉煤灰、石灰为主要原料，掺加适量石膏和骨料经坯料制备、压制成型、高压或常压蒸汽养护而成的实心粉煤灰砖。可用于工业与民用建筑的墙体和基础，但用于基础或用于易受冻融和干湿交替作用的建筑部位必须使用一等砖与优等砖，但不得用于长期受热（200℃以上）、受急冷急热和有酸性介质侵蚀的建筑部位。

1）规格

砖的公称尺寸为：长240mm，宽115mm，高53mm。

2）技术要求

外观质量见表3-5。

外观质量表 **表3-5**

项目	指标（mm）		
	优等品	一等品	合格品
尺寸允许偏差 长 宽 高	 ±2 ±2 ±2	 ±3 ±3 ±3	 ±4 ±4 ±3
对应高度差 不大于	1	2	3
每一缺棱掉角的最小破坏尺寸 不大于	10	15	25
完整面 不少于	二条面和一顶面或二顶面和一条面	一条面和一顶面	一条面和一顶面
裂纹长度 不大于 a. 大面上宽度方向的裂纹（包括延伸到条面上的长度） b. 其他裂纹	 30 50	 50 70	 70 100
层裂	不允许		

注：在条面或顶面上破坏面的两个尺寸同时大于10mm和20mm者为非完整面。

（3）炉渣砖

是以煤燃烧后的残渣为主要原料，加入一定数量的石灰和石膏，加水搅拌后压制成型，经蒸养而成的产品。每立方米重为 1650kg。

炉渣砖的强度等级指标可参照灰砂砖，外观偏差略大。

（4）矿渣砖

以淬水高炉矿渣和石灰为原料，加水搅拌均匀，消解活化，压制成型，经蒸养而为成品。每立方米重为 2000～3000kg。强度等级比较高，一般为 MU10～MU20 之间。

（5）煤矸石砖

以煤矸石为原料，经粉磨后掺入少量黏土，压制成型，风干后送入窑内煅烧而成。每立方米重为 1000～2000kg。

3. 耐火砖

凡是经受 1580℃以上高温的砖称耐火砖。它是用耐火黏土掺入熟料（燃烧并经粉碎后的黏土）后进行搅拌，压制成型、干燥后经煅烧而成。还有硅质和高钴质耐火砖。耐火砖主要用于耐高温的建筑部件的内衬，如炉灶、烟道等。按其形状和规格分为标准型和异形两大类。标准耐火砖的规格为 250mm×123mm×60mm 和 230mm×115mm×65mm 两种。异形砖按需要现场加工或厂家订做。耐火砖按其耐火程度可分为普通型（耐火程度 1580～1770℃）和高耐火砖（耐火程度为 1770～2000℃）两种。按化学性能又可分为酸性、碱性和中性三种。

4. 砌筑用砌块

（1）粉煤灰硅酸盐砌块

由粉煤灰、石灰、石膏加水混合后，经搅拌振动成型、养护而成。每立方米重为 1300～1900kg。

规格一般为长 1185mm、1080mm、1180mm、880mm、580mm、480mm、280mm，宽 380mm、385mm，厚 240mm、200mm、180mm 等。

（2）普通混凝土小型空心砌块

适用于工业与民用建筑用普通混凝土小型空心砌块（以下简称砌块）。

1）规格尺寸见表 3-6。

小型混凝土空心砌块规格 **表 3-6**

项目	外形尺寸（mm）			最小壁肋厚度（mm）	空心率（%）
	长度	宽度	高度		
主砌块	390	190	190	30	50
辅助砌块	290	190	190	30	42.7
	190	190	190	30	43.2
	90	190	190	30	15

注：最小外壁厚应不小于 30mm，最小肋厚应不小于 25mm。

2）技术要求：尺寸允许偏差见表 3-7，外观质量见表 3-8。

尺寸允许偏差见表（mm） **表 3-7**

项目名称	优等品（A）	一等品（B）	合格品（C）
长度	±2	±3	±4
宽度	±2	±3	±4
高度	±2	±3	+3　−4

（3）蒸压加气混凝土砌块

适用于民用与工业建筑物墙体和绝热使用的蒸压加气混凝土砌块（以下简称砌块），是以水泥、矿渣、粉煤灰、砂子为原料，加入铝粉或其他发泡引气剂作为膨胀加气剂，经过磨细、配料、浇注、切割、蒸养硬化等工序做成的一种轻质多孔材料。它具有保温好、隔声好，可以切割、刨削、锯钻和钉入钉子的性能。常用于砌筑轻质隔墙，混凝土外板墙的内衬。但是不能作为承重墙。加气混凝土砌块吸水率高，一般可达以 60%～70%，由于砌块比较疏松，抹灰时表面粘结强度较低，抹灰前要先进行表面处理。

1）规格尺寸见表 3-9。

外观质量 **表 3-8**

项目名称			优等品（A）	一等品（B）	合格品（C）
弯曲（mm）		不大于	2	2	3
掉角缺棱	个数（个）	不多于	0	2	2
	三个方向投影尺寸的最小值(mm)	不大于	0	20	30
裂纹延伸的投影尺寸累计（mm）		不大于	0	20	30

砌块的规格尺寸（mm） **表 3-9**

<table>
<tr><th colspan="3">砌块公称尺寸</th><th colspan="3">砌块制作尺寸</th></tr>
<tr><th>长度 L</th><th>宽度 B</th><th>高度 H</th><th>长度 L_1</th><th>宽度 B_1</th><th>高度 H_1</th></tr>
<tr><td rowspan="2">600</td><td>100
125
150
200
250
300</td><td rowspan="2">200
250
300</td><td rowspan="2">L-10</td><td rowspan="2">B</td><td rowspan="2">H-10</td></tr>
<tr><td>120
180
240</td></tr>
</table>

2）技术要求：尺寸允许偏差及外观见表 3-10。

尺寸偏差和外观 **表 3-10**

项　　目			指　标		
			优等品（A）	一等品（B）	合格品（C）
尺寸允许偏差（mm）	长度	L_1	±3	±4	±5
	高度	B_1	±2	±3	+3 −4
	高度	C_1	±2	±3	±3 −4

续表

项目		指标		
		优等品（A）	一等品（B）	合格品（C）
缺棱掉角	个数，不多于（个）	0	1	2
	最大尺寸不得大于（mm）	0	70	70
	最小尺寸不得大于（mm）	0	30	30
	平面弯曲不得大于（mm）	0	3	5
裂纹	条数，不多于（条）	0	1	2
	任一面上的裂纹长度不得大于裂纹方向尺寸的	0	1/3	1/2
	贯穿一棱二面的裂纹长度不得大于裂纹所在面的裂纹方向尺寸总和的	0	1/3	1/3
爆裂、粘模和损坏深度不得大于（mm）		10	20	30
表面疏松、层裂		不允许		
表面油污		不允许		

5. 砌筑用石材

（1）石材的分类

从天然岩层中开采而得的毛料和经过加工成块状、板状的石料统称为石材。它质地坚固，可以加工成各种形状，既可作为承重结构使用，又可以作为装饰材料。

1）毛石

毛石是由人工采用撬凿法和爆破法开采出来的不规格石块。一般要求在一个方向有较平整的面，中部厚度不小于150mm，每块毛石重约20～30kg。在砌筑工程中一般用于基础、挡土墙、护坡、堤坝和墙体。

2）粗料石

粗料石亦称块石，形状比毛石整齐，具有近乎规则的六个面，是经过粗加工而得的成品。在砌筑工程中用于基础、房屋勒脚和毛石砌体的转角部位，或单独砌筑墙体。

3）细料石

它是经过选择后，再经人工打凿和琢磨而成的成品。因其加工细度的不同，可分为一细、二细等。由于已经加工，形状方正，尺寸规格，因此可用于砌筑较高级房屋的台阶、勒脚、墙体等，也可用作高级房屋饰面的镶贴。

（2）石材的技术性能

石材的抗冻性，要求经受15、25或50次冻融循环，试件无贯穿裂缝，重量损失不超过5%，强度降低不大于25%。石材的性能见表3-11。

石材的性能　　表3-11

石材名称	密度（kg/m^3）	抗压强度（N/mm^2）
花岗岩	2500～2700	120～250
石灰岩	1800～2600	22～140
砂岩	2400～2600	47～140

6. 砌筑砂浆

（1）砂浆的作用和种类

1）作用：砂浆是单个的砖块、石块或砌块组合成砌体的胶结材料，同时又是填充块体之间缝隙的填充材料。由于砌体受力的不同和块体材料的不同，因此要选择不同的砂浆进行砌筑。所以砌筑砂浆应具备一定的强度、粘结力和工作度（或叫流动性、稠度）。它在砌体中主要起三个作用：

① 把各个块体胶结在一起，形成一个整体。

② 当砂浆硬结后，可以均匀地传递荷载，保证砌体的整体性。

③ 由于砂浆填满了砖石间的缝隙，对房屋起到保温的作用。

2）种类：砌筑砂浆是由骨料、胶结料、掺和料和外加剂组成。

砌筑砂浆一般分为水泥砂浆、混合砂浆、石灰砂浆三类。

① 水泥砂浆：水泥砂浆是由水泥和砂子按一定比例混合搅拌而成的，它可以配制强度较高的砂浆。水泥砂浆一般应用于基础、长期受水浸泡的地下室和承受较大外力的砌体。

② 混合砂浆：混合砂浆一般由水泥、石灰膏、砂子拌合而成。一般用于地面以上的砌体。混合砂浆由于加入了石灰膏，改善了砂浆的和易性，操作起来比较方便，有利于砌体密实度和工效的提高。

③ 石灰砂浆：石灰砂浆是由石灰膏和砂子按一定比例搅拌而成的砂浆，完全靠石灰的气硬而获得强度。强度等级一般达到M0.4或M1。

④ 其他砂浆

（a）防水砂浆：在水泥砂浆中加入3%～5%的防水剂制成防水砂浆。防水砂浆应用于需要防水的砌体（如地下室墙、砖砌水池、化粪池等），也广泛用于房屋的防潮层。

（b）嵌缝砂浆：一般使用水泥砂浆，也有用白灰砂浆的。其主要特点是砂子必须采用细砂或特细砂，以利于勾缝。

（c）聚合物砂浆：它是一种掺入一定量高分子聚合物的砂浆，一般用于有特殊要求的砌筑物。

（2）砌筑砂浆材料

砌筑砂浆用料有水泥、砂子和塑化材料。

1）水泥

① 水泥的种类：常用的水泥有硅酸盐水泥（代号P·Ⅱ）、普通硅酸盐水泥（简称普通水泥，代号P·O）、矿渣硅酸盐水泥（简称矿渣水泥，代号P·S）、火山灰质硅酸盐水泥（简称火山灰质水泥，代号P·P）、粉煤灰硅酸盐水泥（简称粉煤灰水泥，代号P·F）。

此外，还有特殊功能的水泥，如高强、快硬、耐酸、耐热、耐膨胀等不同性质的水泥以及装饰用的白水泥等。

② 水泥强度等级：水泥强度等级按规定龄期的抗压强度和抗折强度来划分，以28d龄期抗压强度为主要依据。根据水泥强

度等级，将水泥分为 32.5、32.5R、42.5、42.5R、52.5、52.5R、62.5、62.5R 等几种。

③ 水泥的特性：水泥具有与水结合而硬化的特点，它不但能在空气中硬化，还能在水中硬化，并继续增长强度，因此，水泥属于水硬性胶结材料。水泥经过初凝、终凝，随后产生明显强度，并逐渐发展成坚硬的人造石，这个过程称为水泥的硬化。

国家标准规定，初凝时间不少于 45min，终凝时间除硅酸盐水泥不得迟于 6.5h 外，其他均不多于 10h。

④ 水泥的保管：水泥属于水硬材料，必须妥善保管，不得淋雨受潮。贮存时间一般不宜超过 3 个月。超过 3 个月的水泥（快硬硅酸盐水泥为 1 个月），必须重新取样送验，待确定强度等级后再使用。

2）砂子

砂子是岩石风化后的产物，由不同粒径混合组成。按产地可分为山砂、河砂、海砂几种；按平均粒径可分为粗砂、中砂、细砂三种。粗砂平均粒径不小于 0.5mm，中砂平均粒径为 0.35～0.5mm，细砂平均粒径为 0.25～0.35mm，还有特细砂平均粒径为 0.25mm 以下。

对于水泥砂浆和强度等级等于或大于 M5 的水泥混合砂浆，含泥量不超过 5%；在 M5 以下的水泥混合砂浆的含泥量不超过 10%。对于含泥量较高的砂子，在使用前应过筛和用水冲洗干净。

砌筑砂浆以使用中砂为好；粗砂的砂浆和易性差，不便于操作；细砂的砂浆强度较低，一般用于勾缝。

3）塑化材料

为改善砂浆和易性可采用塑化材料。施工中常用的塑化材料有石灰膏、电石膏、粉煤灰及外加剂。

① 石灰膏：生石灰经过熟化，用孔洞不大于 3mm×3mm 网滤渣后，储存在石灰池内，沉淀 14d 以上；磨细生石灰粉，其熟

化时间不小于1d。经充分熟化后即成为可用的石灰膏。严禁使用脱水硬化的石灰膏。

② 电石膏：电石原属工业废料，水化后形成青灰色乳浆，经过泌水和去渣后就可使用，其作用同石灰膏。电石应进行20min加热至700℃检验，无乙炔气味时方可使用。

③ 粉煤灰：粉煤灰是电厂排出的废料。在砌筑砂浆中掺入一定量的粉煤灰，可以增加砂浆的和易性。粉煤灰有一定的活性，因此能节约水泥，但塑化性不如石灰膏和电石膏。

④ 外加剂：外加剂在砌筑砂浆中起改善砂浆性能的作用，一般有塑化剂、抗冻剂、早强剂、防水剂等。

冬期施工时，为了增大砂浆的抗冻性，一般在砂浆中掺入抗冻剂。抗冻剂有亚硝酸钠、三乙醇胺、氯盐等多种，而最简便易行的则为氯化钠——食盐。掺入食盐可以降低拌合水的冰点，起到抗冻作用。

⑤ 拌合用水：拌合砂浆应采用自来水或天然洁净可供饮用的水，不得使用含有油脂类物质、糖类物质、酸性或碱性物质和经工业污染的水。拌合水的pH值应不小于7，硫酸盐含量以SO_4计不得超过水重的1%，海水因含有大量盐分，不能用作拌合水。

(3) 砂浆的技术要求

1) 流动性：流动性也叫稠度，是指砂浆稀稠程度。

砂浆的流动性与砂浆的加水量、水泥用量、石灰膏用量、砂子的颗粒大小和形状、砂子的孔隙以及砂浆搅拌的时间等有关。对砂浆流动性的要求，可以因砌体种类、施工时大气温度和湿度等的不同而异。当砖浇水适当而气候干热时，稠度宜采用8～10；当气候湿冷，或砖浇水过多及遇雨天，稠度宜采用4～5；如砌筑毛石、块石等吸水率小的材料时，稠度宜采用5～7。

2) 保水性：砂浆的保水性，是指砂浆从搅拌机出料后到使用在砌体上，砂浆中的水和胶结料以及骨料之间分离的快慢程度。分离快的保水性差，分离慢的保水性好。保水性与砂浆的组分配合、砂子的粗细程度和密实度等有关。一般说来，石灰砂浆的保水性比较好，混合砂浆次之，水泥砂浆较差。远距离的运输也容易引起砂浆的离析。同一种砂浆，稠度大的容易离析，保水性就差。所以，在砂浆中添加微沫剂是改善保水性的有效措施。

3）强度：强度是砂浆的主要指标，其数值与砌体的强度有直接关系。砂浆强度是由砂浆试块的强度测定的。

砂浆强度等级分为 M15、M10、M7.5、M5、M2.5、M1 和 M0.4 七个等级。

（4）影响砂浆强度的因素

1）配合比：配合比是指砂浆中各种原材料的比例组合，一般由试验室提供。配合比应严格计量，要求每种材料均经过磅秤称量才能进入搅拌机。

2）原材料：原材料的各种技术性能必须经过试验室测试检定，不合格的材料不得使用。

3）搅拌时间：砂浆必须经过充分的搅拌，使水泥、石灰膏、砂子等成为一个均匀的混合体。特别是水泥，如果搅拌不均匀，则会明显影响砂浆的强度。

（5）砌筑砂浆的拌制

砌筑砂浆的拌制应按下述要求进行：

1）原材料必须符合要求，而且具备完整的测试数据和书面材料。

2）砂浆一般采用机械搅拌，如果采用人工搅拌时，宜将石灰膏先化成石灰浆，水泥和砂子均匀后，加入石灰浆中，最后用水调整稠度，翻拌 3～4 遍，直至色泽均匀，稠度一致，没有疙瘩为合格。

3）砂浆的配合比由试验室提供。

4）砌筑砂浆拌制以后，应及时送到作业点，要做到随拌随用。一般应在 2h 之内用完，气温低于 10℃延长至 3h，但气温达到冬期施工条件时，应按冬期施工的有关规定执行。

（二）常用砌筑工具和设备

1. 常用工具的种类和名称

（1）瓦刀

又叫砖刀，是个人使用及保管的工具，用于摊铺砂浆、砍削砖块、打灰条。

（2）大铲

用于铲灰、铺灰和刮浆的工具，也可以在操作中用它随时调和砂浆。大铲以桃形者居多，也有长三角形和长方形。它是实施“三·一”（一铲灰、一块砖、一揉挤）砌筑法的关键工具，见图3-3。

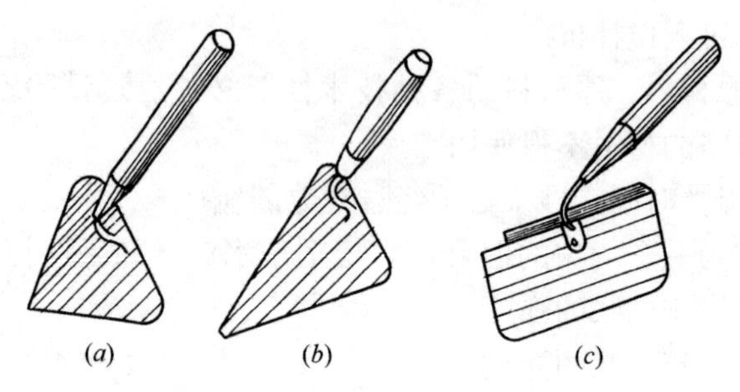

图 3-3 大铲

(*a*) 桃形大铲；(*b*) 长三角形大铲；(*c*) 长方形大铲

（3）刨锛

用以打砍砖块的工具，也可当做小锤与大铲配合使用。

（4）摊灰尺

用不易变形的木材制成。操作时放在墙上作为控制灰缝及铺砂浆用（图 3-4）。

（5）溜子

又叫灰匙、勾缝刀，一般以 $\phi 8$ 钢筋打扁制成，并装上木柄，通常用于清水墙勾缝。用 0.5～1mm 厚的薄钢板制成的较宽的溜子，则用于毛石墙的勾缝（图 3-5）。

（6）灰板

又叫托灰板，用不易变形的木材制成。在勾缝时，用它承托砂浆。

（7）抿子

用 0.8～1mm 厚的钢板制成，并铆上执手，安装木柄成为工具。可用于石墙的抹缝、勾缝（图 3-6）。

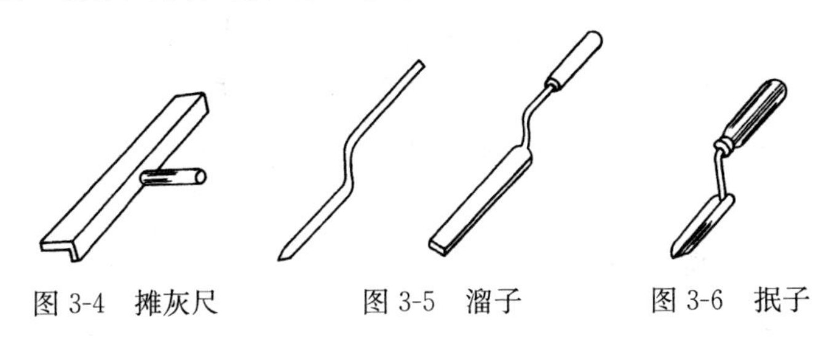

图 3-4　摊灰尺　　图 3-5　溜子　　图 3-6　抿子

（8）筛子

主要用于筛砂。筛孔直径有 4mm、6mm、8mm 等数种。勾缝需用细砂时，可利用铁窗纱钉在小木框上制成小筛子。

（9）砖夹

施工单位自制的夹砖工具。可用 ϕ16 钢筋锻造，一次可以夹起 4 块标准砖，用于装卸砖块。

砖夹形状见图 3-7。

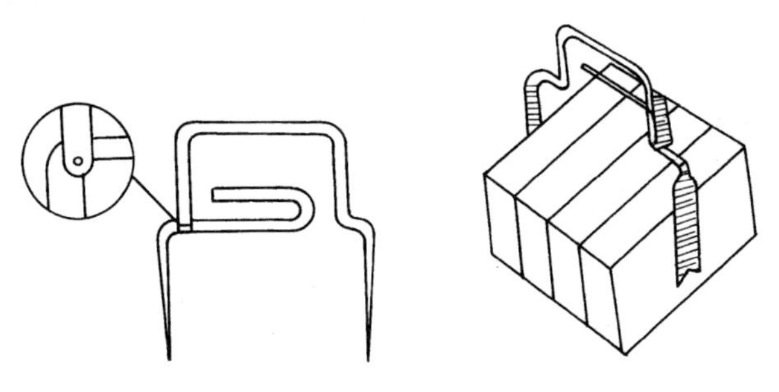

图 3-7　砖夹

（10）砖笼

砖笼是采用塔吊施工时吊运砖块的工具。施工时，在底板上先码好一定数量的砖，然后把砖笼套上并固定，再起吊到指定地点。如此周转使用。

（11）灰槽

1～2mm 厚的黑铁皮制成，供砖瓦工存放砂浆用。灰槽形状见图 3-8。

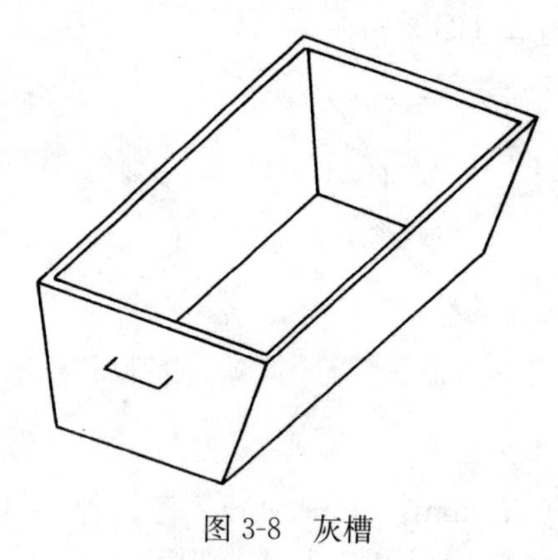

图 3-8　灰槽

（12）其他

如橡皮水管（内径 ϕ25）、大水桶、灰镐、灰勺、钢丝刷及笤帚等。

2. 质量检测工具

（1）钢卷尺

有 1m、2m、3m 及 30m、50m 等几种规格。钢卷尺主要用来量测轴线尺寸、位置及墙长、墙厚，还有门窗洞口的尺寸、留洞位置尺寸等。

（2）托线板

又称靠尺板，用于检查墙面垂直和平整度。由施工单位用木材自制，长 1.2～1.5m；也有铝制商品，见图 3-9。

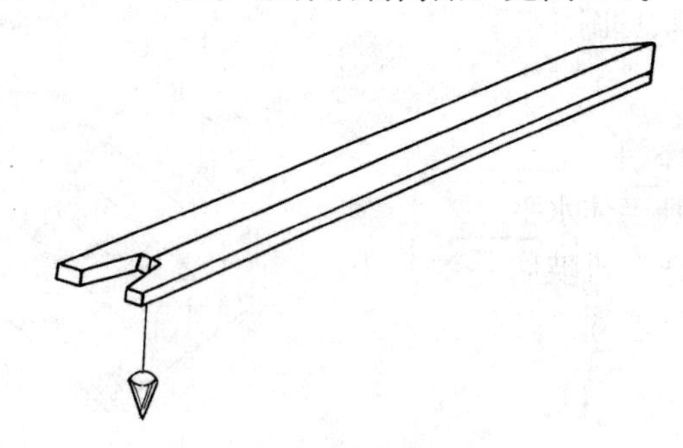

图 3-9　托线板与线锤

（3）线锤

吊挂垂直度用，主要与托线板配合使用，见图 3-10。

（4）塞尺

塞尺与托线板配合使用，以测定墙、柱的垂直、平整度的偏差。塞尺上每一格表示厚度方向 1mm（图 3-10*a*）。使用时，托线板一侧紧贴于墙或柱面上，由于墙或柱面本身的平整度不够，必然与托线板产生一定的缝隙，用塞尺轻轻塞进缝隙，塞进几格就表示墙面或柱面偏差的数值。

（5）水平尺

用铁和铝合金制成，中间镶嵌玻璃水准管，用来检查砌体对水平位置的偏差（图 3-10*b*）。

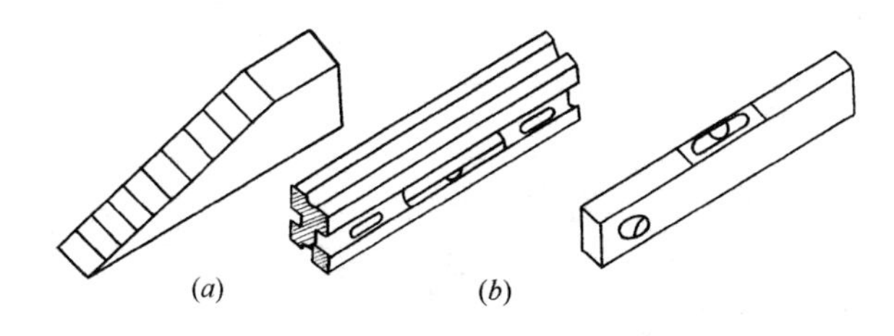

图 3-10　塞尺和水平尺

（*a*）塞尺；（*b*）水平尺

（6）准线

它是砌墙时拉的细线，一般使用直径为 0.5～1mm 的小白线、麻线、尼龙线或弦线，用于砌体砌筑时拉水平用，另外也来检查水平缝的平直度。

（7）百格网

用于检查砌体水平缝砂浆饱满度的工具。可用铁丝编制锡焊而成，也有在有机玻璃上划格而成，其规格为一块标准砖的大面尺寸。将其长度方向各分成 10 格，画成 100 个小格，故称百格网（图 3-11）。

（8）方尺

用木材或金属制成边长为 200mm 的直角尺，有阴角和阳角两种，分别用于检查砌体转角的方整程度，方尺形状如图 3-11 所示。

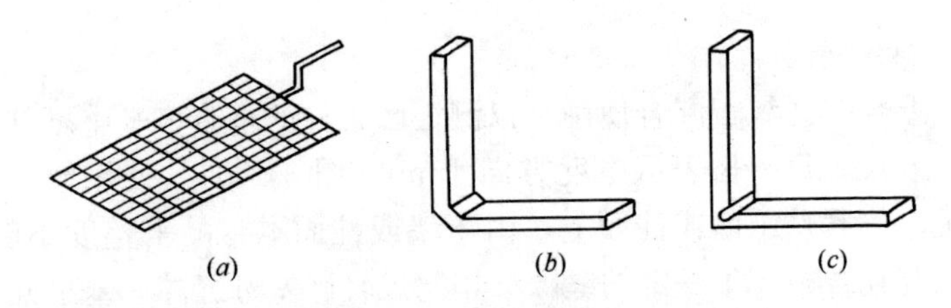

图 3-11　百格网和方尺

(a) 百格网；(b) 阴角方尺；(c) 阳角方尺

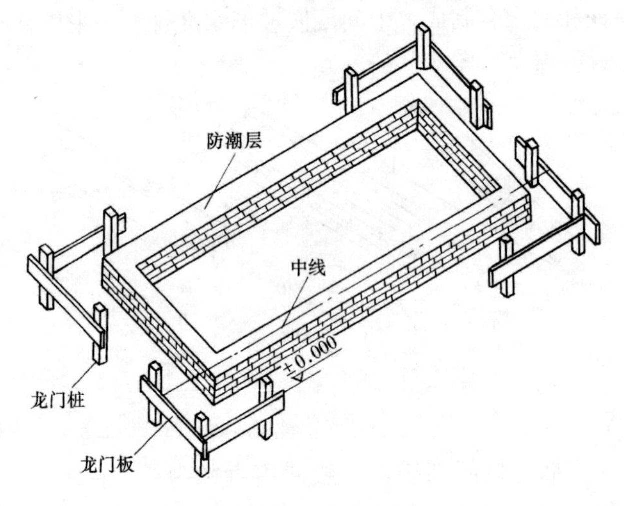

图 3-12　龙门板

(9) 龙门板

龙门板是在房屋定位放线后，砌筑时定轴线、中心线的标准(图 3-12)。施工定位时一般要求板顶面的高程即为建筑物相对标高±0.000。在板上画出轴线位置，以画“中”字示意，板顶面还要钉一根 20～25mm 长的钉子。当在两个相对的龙门板之间拉上准线，则该线就表示为建筑物的轴线。有的在“中”字的两侧还分别画出墙身宽度位置线和大放脚排底宽度位置线，以便于操作人员检查核对。施工中严禁碰撞和踩踏龙门板，也不允许坐人。建筑物基础施工完毕后，把轴线标高等标志引测到基础墙上后，方可拆除龙门板、桩。

(10) 皮数杆

皮数杆是砌筑砌体在高度方向的基准。皮数杆分为基础用和地上用两种。

基础用皮数杆比较简单，一般使用 30mm×30mm 的小木杆，由现场施工员绘制。一般在进行条形基础施工时，先在要立皮数杆的地方预埋一根小木桩，到砌筑基础墙时，将画好的皮数杆钉到小木桩上。皮数杆顶应高出防潮层的位置，杆上要画出砖皮数、地圈梁、防潮层等的位置，并标出高度和厚度。皮数杆上的砖层还要按顺序编号。画到防潮潮层底的标高处，砖层必须是整皮数。如果条形基础垫层表面不平，可以在一开始砌砖时就用细石混凝土找平。

±0.000 以上的皮数杆，也称大皮数杆。皮数杆的设置，要根据房屋大小和平面复杂程度而定，一般要求转角处和施工段分界处设立皮数杆。当为一道通长的墙身时，皮数杆的间距要求不大于 20m。如果房屋构造比较复杂，皮数杆应该编号，并对号入座。皮数杆四个面的画法见图 3-13 所示。

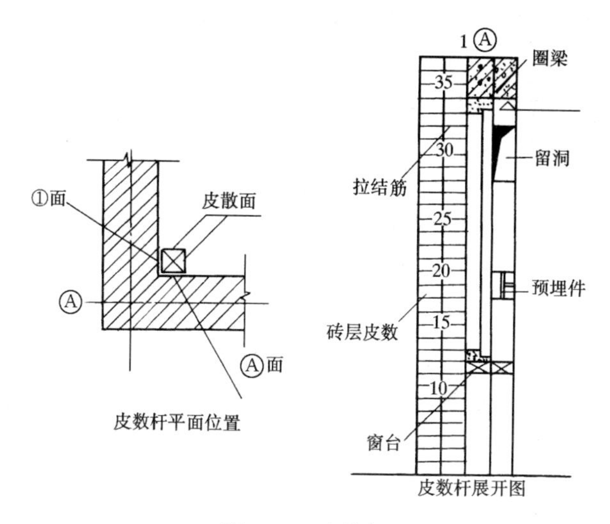

图 3-13　皮数杆

3. 常用机械设备

（1）砂浆搅拌机

砂浆搅拌机是砌筑工程中的常用机械，用来制备砌筑和抹灰用的砂浆。目前常用的砂浆搅拌机有倾翻出料式的 HJ-200 型、HJ_1-200B 型和活门式的 HJ-325 型。

（2）垂直运输设备

1）井架：为多层建筑施工常用的垂直运输设备。一般用型钢支设，并配置吊篮（或料斗）、天梁、卷扬机，形成垂直运输系统。

2）龙门架：由两根立杆和横梁构成。立杆由型钢组成，配上吊篮用于材料的垂直运输。

3）卷扬机：卷扬机是升降井架和龙门架上吊篮的动力装置。

4）附壁式升降机（施工电梯）：又叫附墙外用电梯。它是由垂直井架和导轨式外用笼式电梯组成，用于高层建筑的施工。该设备除载运工具和物料外，还可乘人上下，架设安装比较方便，操作简单，使用安全。

5）塔式起重机：塔式起重机俗称塔吊。塔式起重机有固定式和行走式两类。塔式起重机必须由经过专职培训合格的专业人员操作，并需专门人员指挥塔式起重机吊装，其他人员不得随意乱动或胡乱指挥。

4. 脚手架

脚手架是砌筑工程的辅助工具。按搭设位置可分为外脚手架和里脚手架；按使用材料可分为木脚手架、竹脚手架和金属手架；按构造形式可分为立杆式、框式、吊挂式、悬挑式、工具式等多种。立杆式使用最为普遍，它是由立杆、大横杆、小横杆、斜撑、抛撑、剪刀撑等组合而成。立杆式脚手架一般用于外墙，按立杆排数不同又可分成单排的和双排的。双排脚手架，除与墙有一定的拉结点外，整个架子自成体系，可以先搭好架子再砌墙体。单排脚手架只有一排立杆，小横杆伸入墙体，与墙体共同组成一个体系，所以要随着砌体的升高而升高。

(1) 常用脚手架的构造

1) 木脚手架：采用剥皮杉杆作为杆材，用8号镀锌铁丝绑扎搭设。因铁丝容易生锈，故此类脚手架适用于北方气候干燥地区。目前已不常见。

2) 竹脚手架：采用生长期三年以上的毛竹（楠竹）为材料，并用竹篾绑扎搭设（也可用镀锌铁丝绑扎搭设），凡青嫩、橘黄、黑斑、虫蛀、裂纹连通两节以上的均不能使用。竹脚手架一般都搭成双排，限高50m。

3) 钢管脚手架：钢管一般采用外径为48～51mm、壁厚3～3.5mm的焊接钢管，连接件采用铸铁扣件。它具有搭拆灵活、安全度高、使用方便等优点，是目前建筑施工中大量采用的一种脚手架。它既可以搭成单排脚手架，又可以搭成双排或多排脚手架。

4) 工具式脚手架：在砌筑房屋内墙或外墙时，也可以用里脚手架。里脚手架可用钢管搭设，也可以用竹木等材料搭设。工具式里脚手架一般有折叠式、支柱式、高登和平台架等。搭设时，在两个里脚手架上搁脚手板后，即可堆放材料和上人进行砌墙操作。

5) 砌砖操作平台：它是由几榀支架组成的支承重量的框架，在框架上满铺脚手板形成一个平台，在上面可以堆放砖及砂浆进行砌筑。

(2) 脚手架使用要点

1) 脚手架由专业架子工搭设，未经验收的不能使用。使用中未经专业搭设负责人同意，不得随意自搭飞跳或自行拆除某些杆件。

2) 脚手架上所设的各类安全设施，如安全网、安全围护栏杆等不得任意拆除。

3) 当墙身砌筑高度超过地坪1.2m时，应由架子工搭设脚手架。一层以上或4m以上高度时应设安全网。

4) 砌筑时架子上的允许堆料荷载不应超过3000N/m^2。堆砖不能超过 3 层，砖要顶头朝外码放。灰斗和其他材料应分散放置，以保证使用安全。

5）单排脚手架的横向水平杆不得在下列墙体或部位中设置脚手眼：

① 独立或附墙砖柱。

② 过梁上与过梁成 60°角的三角形范围及过梁净跨度 1/2 的高度范围内。

③ 宽度小于 1m 的窗间墙。

④ 砖砌体的门窗洞口两侧 200mm 和转角处 450mm 的范围内。石砌体的门窗洞口两侧 300mm 和转角处 600mm 范围内。

⑤ 梁或梁垫下及其左右各 500mm 范围内。

⑥ 设计不允许设置脚手眼的部位。

6）上下脚手架应走斜道或梯子，不准翻爬脚手架。

7）脚手架上有霜雪时，应清扫干净后方可进行操作。

8）大雨或大风后要仔细检查整个脚手架，如发现沉降、变形、偏斜应立即报告，经纠正加固后才能使用。

四、施工测量基本知识

测量放线是利用各种测量仪器和工具，对建筑物在场地上的位置进行度量和测定的工作。在建筑工程施工中，为建造一座房屋或一座构筑物，要将施工图上设计好的建筑物测设到地面上，这是施工测量和定位放线的主要任务。砌筑工的施工操作离不开定位放线的工作，因此了解定位放线的一些初浅知识和会抄平、检查放线、识龙门板桩、轴线等，是中级砌筑工应知的范围。本部分内容将介绍施工测量和放线的一般知识。

（一）施工测量放线的仪器和工具

1. 水准仪

水准仪是用来测定大地高程和建筑标高的仪器，在施工测量中称为抄平所用的仪器，使用水准仪并配备用于读数的水准标尺，就可以进行水准测量与标高测设。目前大部分使用自动安平水准仪，如图 4-1 所示。它由望远镜、水准管、圆水准器、对光

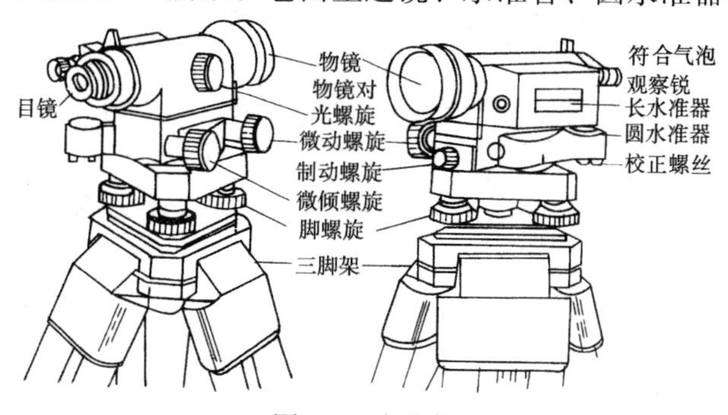

图 4-1　水准仪

调节螺旋、转轴、支座、三脚架等组成。它在望远镜中通过目镜至物镜提供一条水平线，可以进行水平标高的测量。

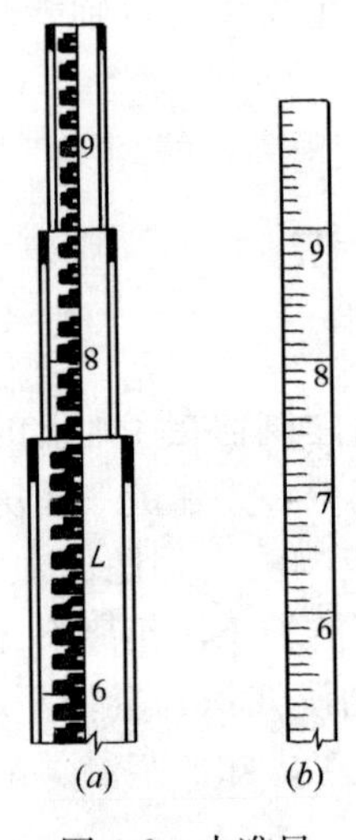

图 4-2 水准尺
(a) 塔尺；
(b) 双面水平尺

2. 水准尺

水准尺是配合水准仪进行水准测量的工具，如图 4-2 所示。使用水准尺要先弄清水准尺的刻度和注字规律，要做到能迅速准确地读出该点的尺读数。尺上的刻度最小至 5mm，可估计到 1mm。

3. 经纬仪

经纬仪是用来测量、测设角度的仪器，为了测量或测定地面点的平面位置，一般需要观测或测设角度。房屋的测量定位放线往往使用经纬仪来测定角度、长度来定位的。目前常用的是光学经纬仪，它是由照准部分、水平度盘、基座等主要部件组成，如图 4-3 所示。

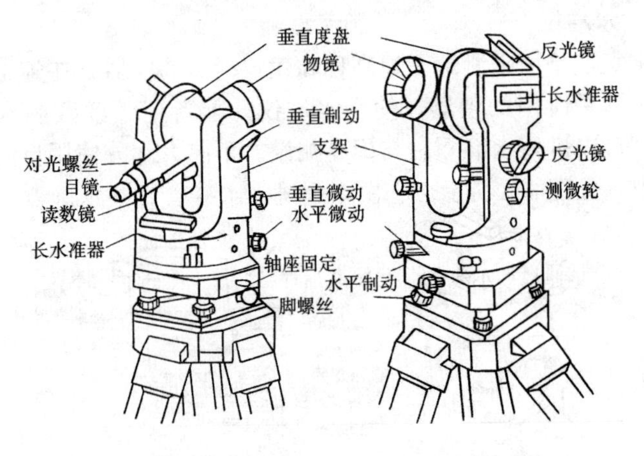

图 4-3 经纬仪

4. 其他工具

(1) 钢卷尺：钢卷尺一般有长 30m 和 50m 的两种，尺上刻画到毫米（mm）。钢尺主要用来丈量距离。在放线中量轴线尺寸、房屋开间、竖直高度等。

（2）线锤：它在吊垂直以及地不平时丈量距离，就必须一头悬挂线锤使尺水平而量得距离，如图 4-4 所示。

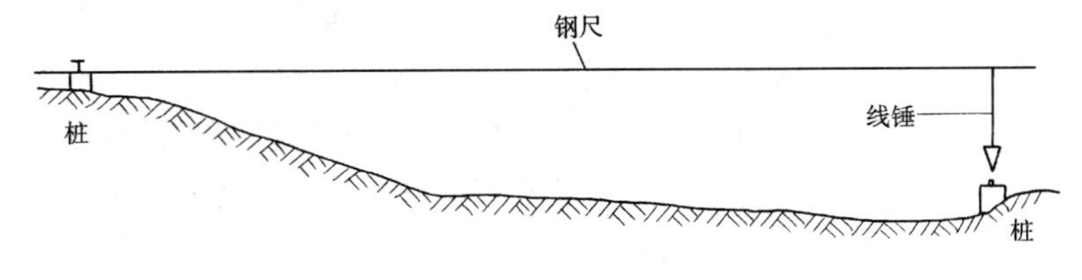

图 4-4　钢尺量距离

（3）小线板：在放线过程中长距离的拉中线，或放基础拉边线时都要用它，如图 4-5 所示。

（4）墨斗和竹笔：它主要是弹墨线时用，也是目前放线中常用的工具，如图 4-6 所示。

（5）其他工具：放线中还要用的工具有斧子、大锤、小钉、红蓝铅笔、木桩等。

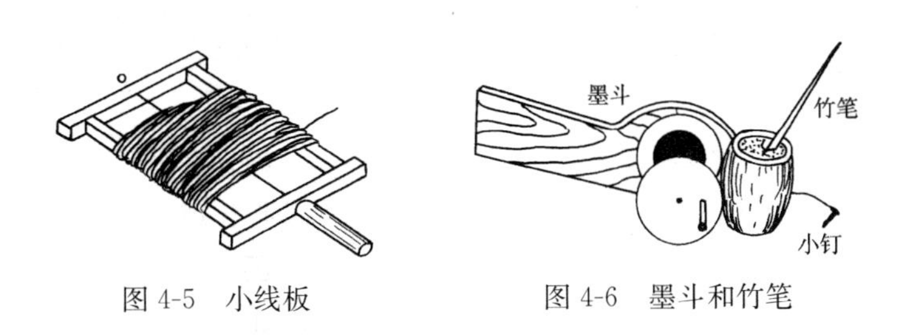

图 4-5　小线板　　　　图 4-6　墨斗和竹笔

（二）水准仪的应用

1. 仪器的安置

（1）支架：先将支架支放在行人少、振动小、地面坚实的地方。支架高度以放上仪器后人测视合适为宜。放支架时应注意要等三角放置，支架面大致水平。

（2）安仪器：从仪器箱中取出水准仪，应注意仪器放置的上下位置，要用手托出，取出仪器后放到三脚架上并用固定螺旋与仪器连接拧牢，最后将支架尖踩入土中，使三脚架稳固于地面。

（3）调平：将水准仪的制动螺旋放松，使镜筒先平行于两个脚螺旋的连线，然后旋动脚螺旋使水准器的气泡居中，如图 4-7 所示，再将镜筒转动 90°角，与原来两个脚螺旋的连线垂直，这时仅需转动第三个脚螺旋使水准器气泡居中，最后转动几个角度看看气泡是否都居中，如果还有偏差则应多次调整，达到各方向气泡居中为止。观测时再利用符合棱镜观测镜观察及调节微倾螺旋，使气泡两端的像重合，而使镜筒达到较精确的水平位置。

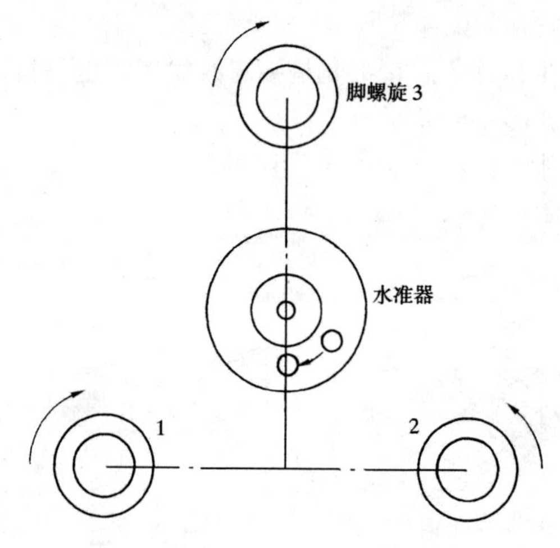

图 4-7　调平示意图

（4）目镜对光：把镜筒转向明亮背景（如白墙面或天空），旋动目镜外圈，使镜筒观察到的十字丝达到十分清晰为止。

（5）粗略瞄准：对准目标时，将制动螺旋松开，利用镜筒上的准星和缺口大致瞄准目标，然后再用目镜去观察目标，并固定制动螺旋，即为粗略瞄准。

（6）物镜对光：转动对光螺旋，使目标在镜中十分清楚，再转动微动螺旋，使十字丝中心对准目标中心，并要求物像和十字丝都十分清楚，这就叫照准了，此时可以开始进行抄平。这中间需要说明的是，做好对光的标准是没有视差，也就是物像恰好落在十字丝的平面内，如图 4-8 所示。

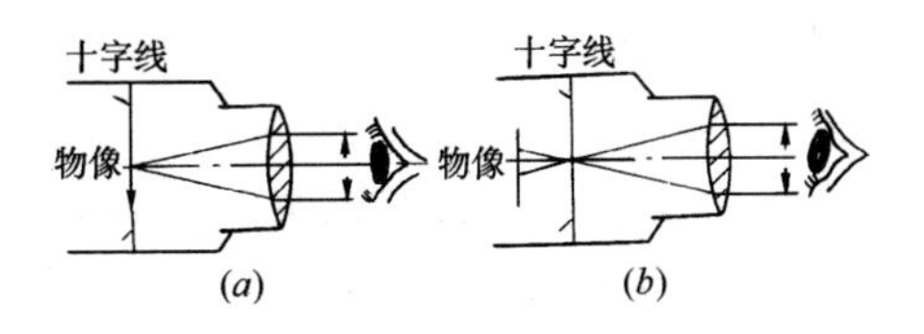

图 4-8　调视差示意
（a）没有视差现象；（b）有视差现象

检验的方法是用眼睛的目镜端头上下晃动，看到十字丝交点总是指在物像的一个固定位置上，这就表示没有视差，反之如有错动现象，就表示有视差。有视差就会影响读数的精确度，这时须继续对光，直到没有错动为止。

以上六步是统一连贯完成的，只要操作熟练并不需要花很多时间。此外还应注意拧螺旋时必须轻轻旋动，不能硬拧或拧过头，造成仪器损坏。

2. 高差测量

水准仪安置好后，可进行高差的测量，俗称抄平。抄平就是测定建筑物各点的标高。房屋施工中的抄平一般是根据引进的已知标高，用水准仪测出所需点的标高，如测出挖土的深度，或给出室内一定高度的水平线等。

抄平时主要是用水准仪来读取水准尺的读数，经过计算测出高差而确定另一点的标高。如要测定两个不同点的高差，首先将水准尺放到第一点的位置上，用望远镜照准，通过望远镜中十字丝的横丝所指示的读数，取得第一点的测点数值。在读数之前应注意两点：一是先看一下镜筒边上的符合棱镜观察镜中的气泡两端是否吻合，如不吻合则应旋动一下微倾螺旋使之吻合，然后才能读数。二是读数时要注意尺上注字的顺序，并依次读出米

(m)、厘米（cm)、估读出毫米（mm)，如图 4-9 所示。读得准确读数之后，记下第一点的观测所读的值，随后转动水准仪，对准第二点处并在该处立尺，用观测第一点的方法读得第二点的数值。这两点数值之差，即为两点间的高差。在测量上把第一点称后视点，把第二点称为前视点。高差的计算方法是用后视读数减去前视读数，如果相减的值为正数，则说明第二点（前视）比第一点（后视）高；反之说明低。当水准仪本身高度不动时，看到尺上读数大，说明尺的零点位置比仪器所在的位置低，反之说明比仪器位置高，即读数小的地势高，读数大的地势低，如图4-10所示。因此当读得后视点数值大，前视点数值小时，说明前视点高，所以后视读数减去前视读数得到正值。例如：当读得第一点（后视）读数为 1.53m，第二点（前视）读数为 1.15m 时，两点的高差为：

1.53－1.15＝0.38m，即说明第二点比第一点高 38cm。

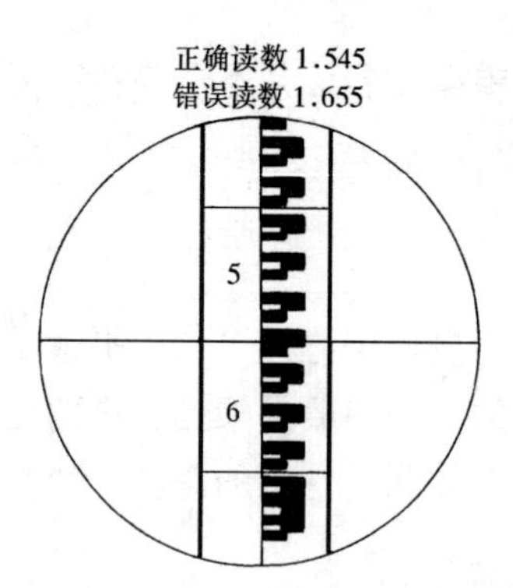

图 4-9　望远镜中水准尺读数

在房屋抄平中，往往第一点是标高为已知，如选的点为室内±0.000标高点，因此要确定另一点时，只需加上应提高或降低的数值，即可确定第二点的标高位置。如将水准尺放在±0.000 标高位置上，读得水准尺上读数为 1.67m ，而要抄室内 50cm 高的水平线时，就要将 1.67－0.50＝1.17m。这时持尺者只要将尺放到抄平的地方，由观测者在望远镜中读得 1.17m 的值时，则尺的下端点即为高 50cm 水平线的标高的位置。持尺者只要在尺底用红蓝铅笔划一道短线作为记号，当各点都测完后用墨斗弹出黑色水平线，如图 4-11 所示。

在操作中，对于初学者应注意两点：一是持尺者用铅笔画线要紧贴尺底，如图 4-12 所示，避免由于画线不准造成误差。二

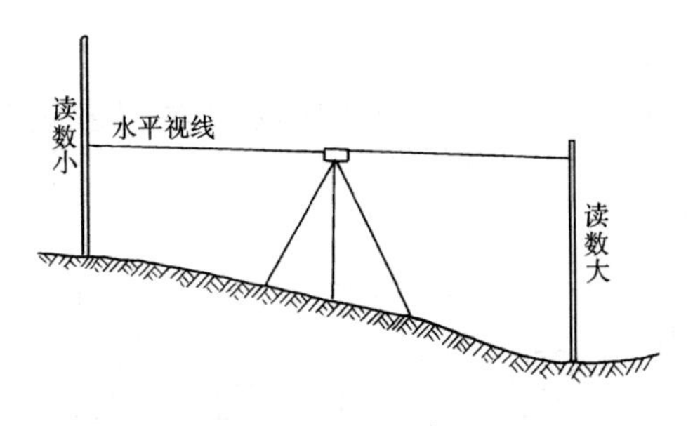

图 4-10　测视高差

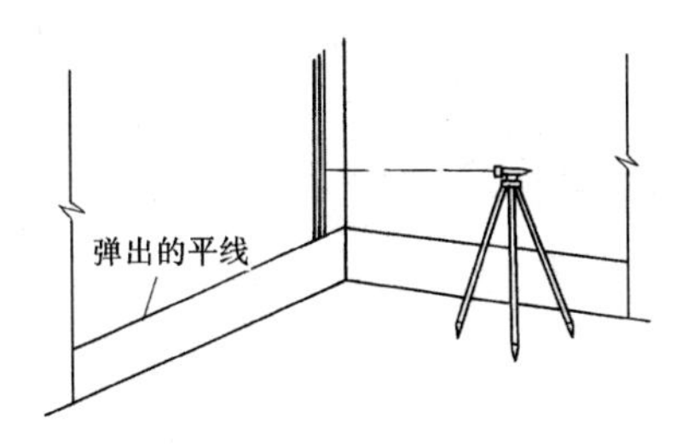

图 4-11　抄平弹线

是在观测时，为了使读数吻合十字丝的横丝，这时要将尺上下移动，但要记住，由于望远镜看到的物像在镜中是倒置的，当要使某数字去吻合横丝时，手指挥尺子上或下的方向，恰好与镜筒中尺上数字应趋靠横丝方向相反，如图 4-13 所示。

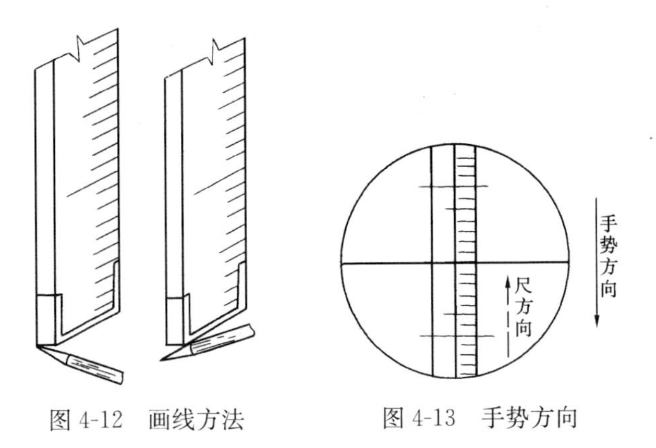

图 4-12　画线方法　　图 4-13　手势方向

3. 操作技能训练

（1）按图 4-14 所示，用水准仪观测结果为 $a=1.20$，$b=1.10$，$c=4.60$，$d=1.30$，试求二层楼面标高。

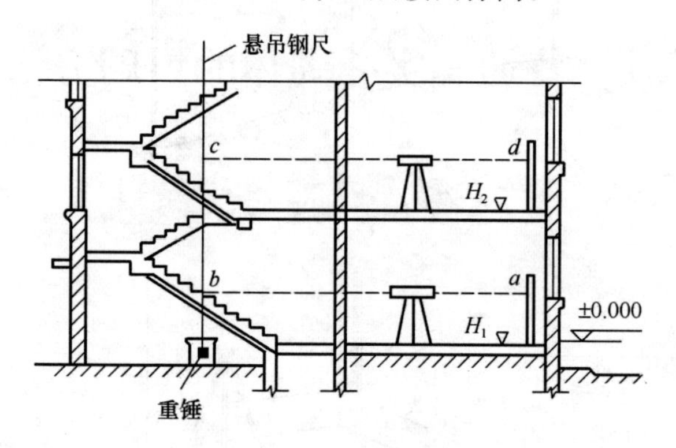

图 4-14　操作技能训练图

计算公式为：

$$H=\pm 0.000+a-b+c-d \text{（}H\text{ 指二楼）}$$

$$H=\pm 0.000+1.200-1.100+4.600-1.300=3.400\text{m}$$

（2）在施工现场找一幢已完成砌体的房屋，用水准仪在内墙面测出 500mm 的标高线，为楼地面找平及室内装修提供高程依据。

（3）用经纬仪检测一幢房屋的大角垂直度。

五、普通砖实心砌体的组砌方法

（一）砖砌体的组砌原则

1. 砌体必须错缝

砖砌体是由一块一块的砖，利用砂浆作为填缝和粘结材料，组砌成墙体或柱子。为了使它们能共同作用、均匀受力，保证砌体的整体强度，必须错缝搭接。要求砖块最少应错缝 1/4 砖长，才符合错缝搭接的要求，如图 5-1 所示。

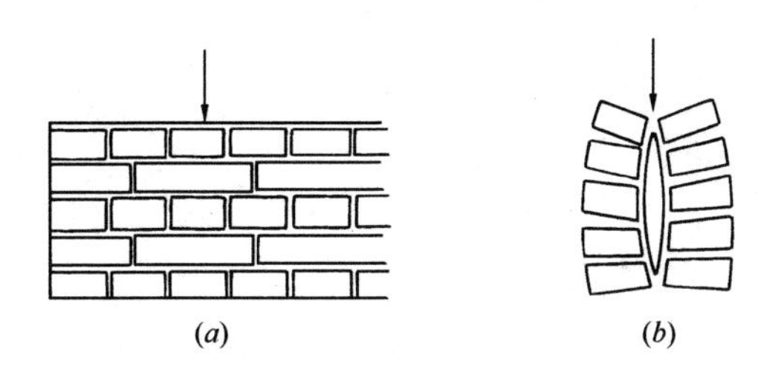

图 5-1　砖砌体的错缝
（a）咬合错缝（力分散传递）；
（b）不咬合（砌体压散）

2. 控制水平灰缝厚度

砌体的灰缝一般规定为 10mm，最大不得超过 12mm，最小不得小于 8mm。水平灰缝如果太厚，不仅使砌体产生过大的压缩变形，还可能使砌体产生滑移，对墙体结构十分不利。而水平灰缝太薄，则不能保证砂浆的饱满度和均匀性，对墙体的粘结整体性产生不利的影响。垂直灰缝俗称头缝，太宽和太窄都会影响砌体的整体性。如果两块砖紧紧挤在一起，没有灰缝（俗称瞎缝)，那就更影响砌体的整体性了。

3. 墙体之间连接

要保证一幢房屋墙体的整体性，墙体与墙体的连接是至关重要的。两道相接的墙体（包括基础墙）最好同时砌筑，如果不能同时砌筑，应在先砌的墙上留出接槎（俗称留槎），后砌的墙体要镶入接槎内（俗称咬槎）。砖墙接槎质量的好坏，对整个房屋的稳定性相当重要。正常的接槎，规范规定采用两种形式，一种是斜槎，又叫“踏步槎”；另一种是直槎，又叫“马牙槎”。凡留直槎时，必须在竖向每隔 500mm 配置 ϕ6 钢筋（每 120mm 墙厚放置一根，120mm 厚墙放二根）作为拉结筋，伸出及埋在墙内各 500mm 长。斜槎的做法如图 5-2 所示，直槎的做法如图5-3 所示。

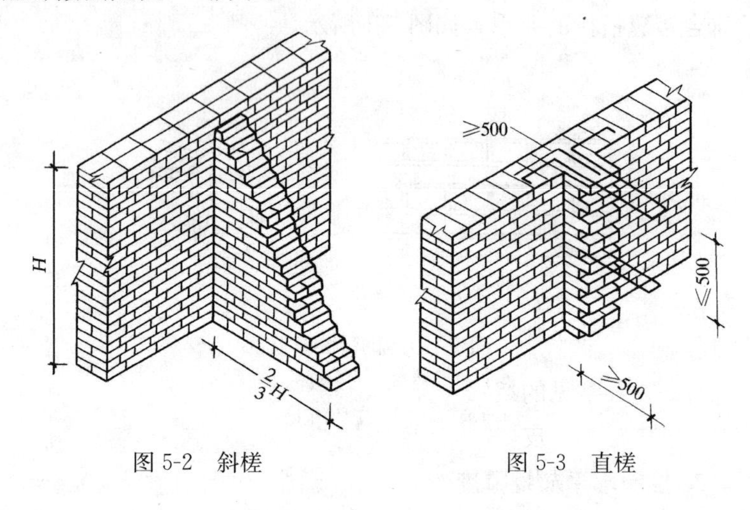

图 5-2　斜槎　　　　图 5-3　直槎

（二）砖在砌体中摆放位置的名称

砖砌入墙内后，条面朝向操作者的叫顺砖；丁面朝向操作者的叫丁砖；还有立砖和陡砖等的区别，具体详见图 5-4。

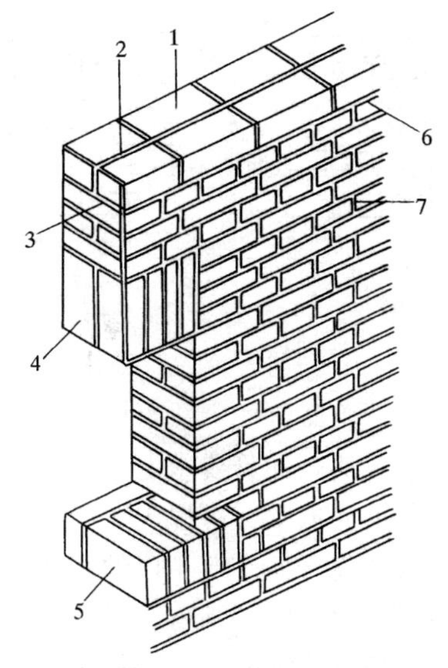

图 5-4　砖墙的构造

1—顺砖；2—花槽；3—丁砖；4—立砖；5—陡砖；
6—水平灰缝；7—竖直灰缝

（三）实心砖砌体的组砌方法

用烧结普通砖砌筑的砖墙，依其墙面的组砌形式有以下几种：

1. 一顺一丁组砌法

这是一种最常见的组砌方法，有的地方叫满丁满条组砌法。一顺一丁砌法是由一皮顺砖与一皮丁砖互相间隔砌成，上下皮之间的竖向灰缝互相错开 1/4 砖长。这种砌法效率较高，操作较易掌握，墙面平整也容易控制。缺点是对砖的规格要求较高，如果规格不一致，竖向灰缝就难以整齐。另外在墙的转角、丁字接头和门窗洞口等处都要砍砖，在一定程度上影响了工效。它的墙面组砌形式有两种，一种是顺砖层上下对齐的称为十字缝，另一种顺砖层上下错开 1/2 砖的称为骑马缝。一顺一丁的两种砌法如图 5-5 所示。

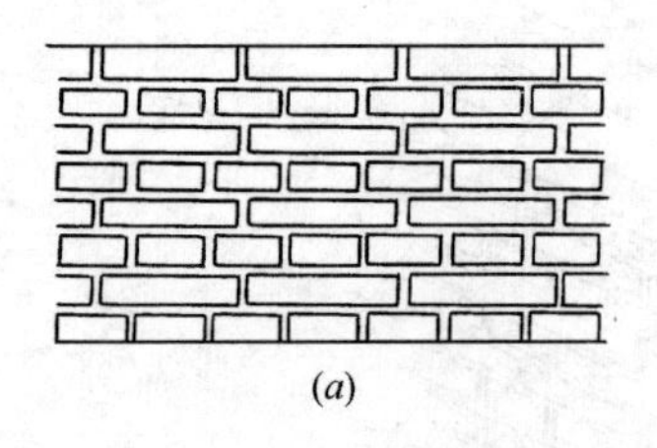
(a)

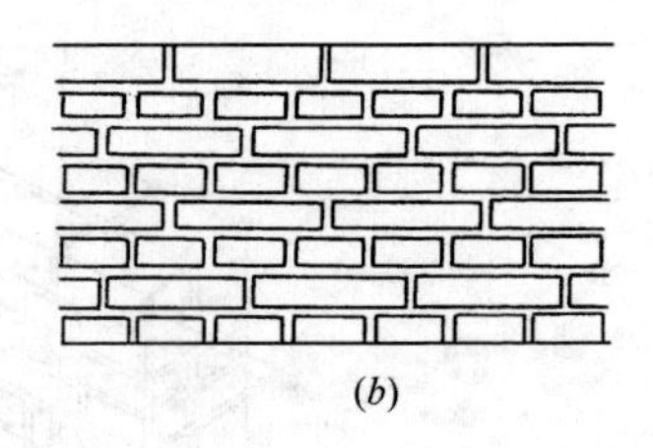
(b)

图 5-5　一顺一丁的两种砌法

（a）十字缝；（b）骑马缝

用这种砌法时，调整砖缝的方法可以采用外七分头或内七分头，但一般都用外七分头，而且要求七分头跟顺砖走。采用内七分头的砌法是在大角上先放整砖可以先把准线提起来，让同一条准线上操作的其他人员先开始砌筑，以便加快整体速度。但转角处有半砖长的“花槽”出现通天缝，一定程度上影响了砌体质量。一顺一丁墙的大角砌法如图 5-6～图 5-8 所示。

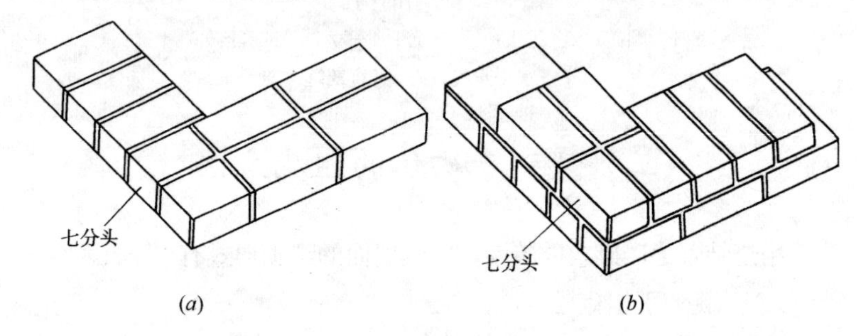

图 5-6　一顺一丁墙大角砌法（一砖墙）

（a）单数层；（b）双数层

2. 梅花丁砌法

梅花丁砌法又称沙包式或十字式。这种砌法是在同一皮砖上采用两块顺砖夹一块丁砖的砌法。上皮丁砖坐中于下皮顺砖，上下两皮砖的竖向灰缝错开 1/4 砖长。梅花丁砌法的内外竖向灰缝每皮都能错开，竖向灰缝容易对齐，墙面平整度容易控制，特别是当砖的规格不一致时（一般砖的长度方向容易出现超长，而宽度方向容易出现缩小的现象），更显出其能控制竖向灰缝的优越

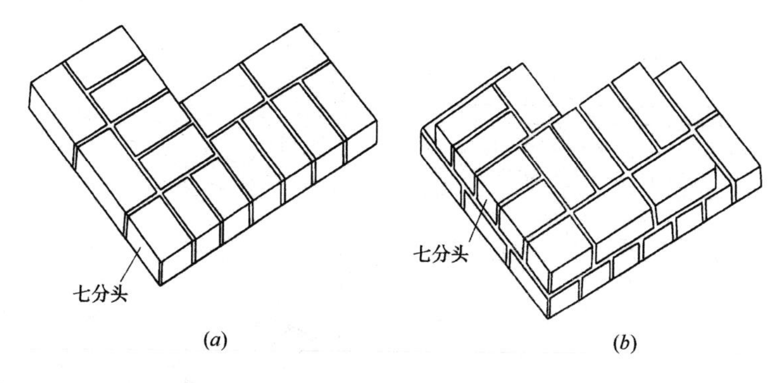

图 5-7　一顺一丁墙大角砌法（一砖半墙）
（a）单数层；（b）双数层

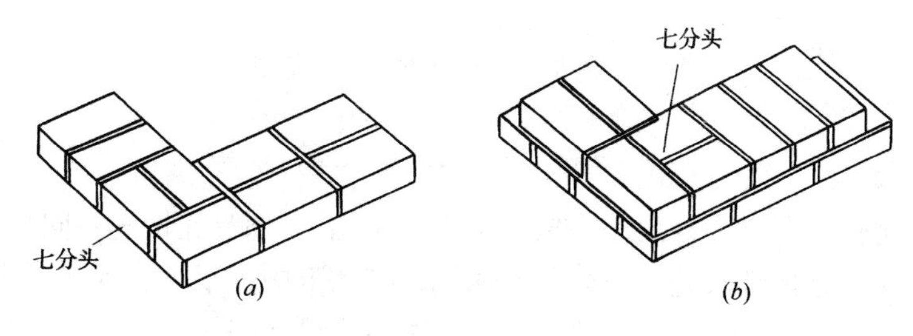

图 5-8　一顺一丁内七分做法举例
（a）单数层；（b）双数层

性。这种砌法灰缝整齐，美观，尤其适宜于清水外墙。但由于顺砖与丁砖交替砌筑，影响操作速度，工效较低。梅花丁的组砌方法如图 5-9 所示。

3. 三顺一丁砌法

三顺一丁砌法为采用三皮全部顺砖与一皮全部丁砖间隔砌成的组砌方法。上下皮顺砖间竖缝错开 1/2 砖长，上下皮顺砖与丁砖间竖向灰缝错开 1/4 砖长。同时要求山墙与檐墙（长墙）的丁砖层不在同一皮砖上，以利于错缝和搭接。这种砌法一般适用于一砖半以上的墙。这种砌法顺砖较多，砖的两个条面中挑选一面朝外，故墙面美观，同时在墙的转角处，丁字和十字接头处和门窗洞口等处砍凿砖少，砌筑效率较高。缺点是顺砖层多，特别是

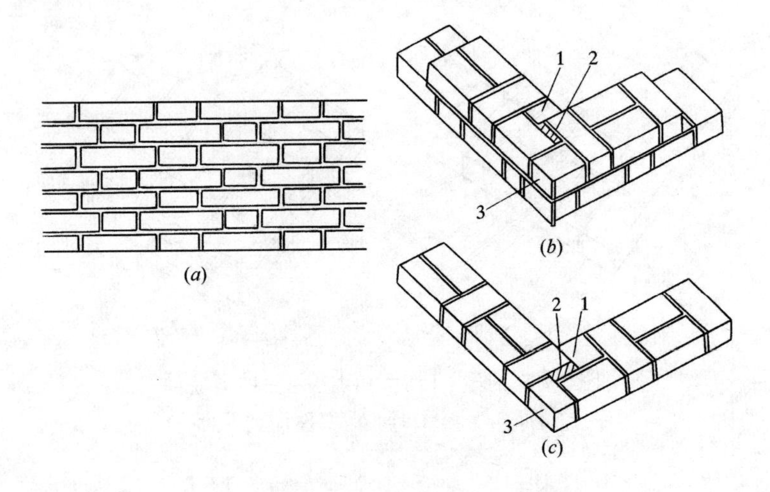

图 5-9　梅花丁的组砌方法和大角砌法

（*a*）梅花丁砌法；（*b*）双数层；（*c*）单数层

1—半砖；2—1/4 砖；3—七分头

砖比较潮湿时容易向外挤出，出现“游墙”，而且花槽三层同缝，砌体的整体性较差。所以与此相同缺点的五顺一丁砌法现在不用了。三顺一丁砌法一般以内七分头调整错缝和搭接。三顺一丁组砌形式如图 5-10 所示，三顺一丁砌法的大角做法如图 5-11 所示。

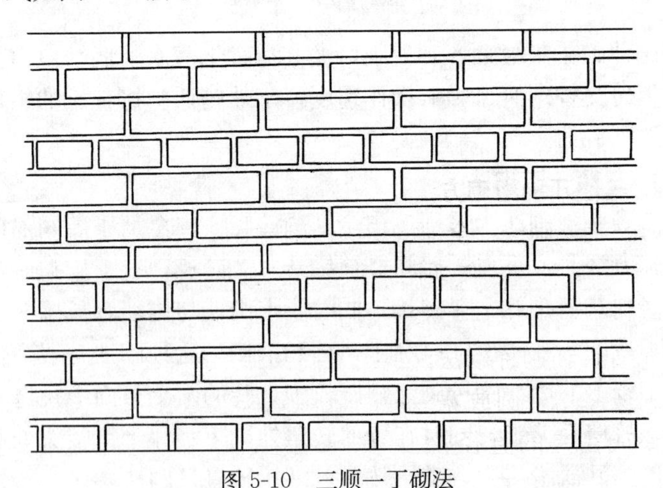

图 5-10　三顺一丁砌法

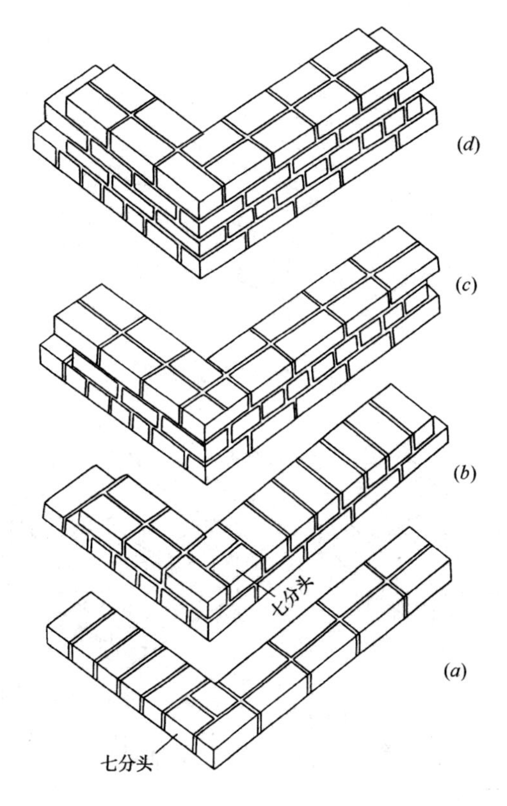

图 5-11　三顺一丁的大角砌法

(*a*) 第一皮（第五皮开始循环）；(*b*) 第二皮；
(*c*) 第三皮；(*d*) 第四皮

4. 其他几种组砌方法

(1) 全顺砌法：全部采用顺砖砌筑，上下皮间竖向灰缝错开1/2 砖长。这种砌法仅适用于砌半砖墙，如图 5-12 所示。

(2) 全丁砌法：全部采用丁砖砌筑，上下皮间竖缝相互错开 1/4 砖长。这种砌法仅适用于砌圆弧形砌体，如烟囱、窨井等。一般采用外圆放宽竖缝，内圆缩小竖缝的办法形成圆弧。当烟囱或窨井的直径较小时，砖要砍成楔形砌筑，如图5-13所示。

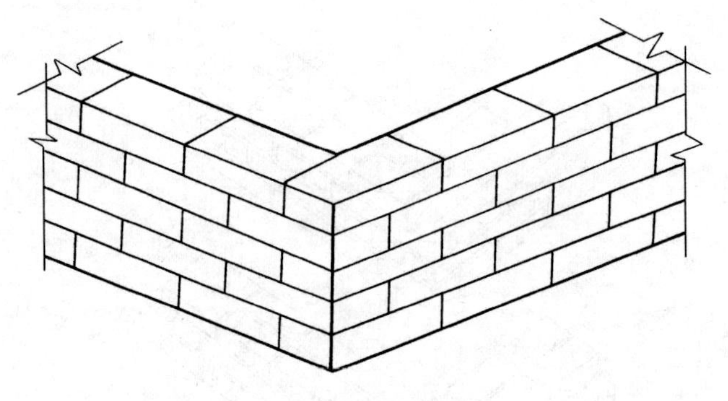

图 5-12 全顺砌法

图 5-13 全丁砌法

（3）二平一侧砌法：二平一侧砌法是采用二皮砖平砌与一皮侧砌的顺砖相隔砌成。这种砌法较费工，但节约用砖，仅适用于180mm 或 300mm 厚的墙。当连砌二皮顺砖（上下皮竖向灰缝相互错开 1/2 砖长），背后贴一侧砖（平砌层与侧砌层的竖向灰缝也错开 1/2 砖长），就组成了 180mm 厚墙。当连砌二皮丁砖或一顺一丁，上下皮之间竖缝错开 1/4 砖长，背后由一侧砖（侧砖层与顺砖层之间竖缝错开 1/2 砖长，与丁砖层错开 1/4 砖长）就组成 300mm 厚的墙。每砌二皮砖以后，将平砌砖和侧砌砖里外互换，即可组成二平一侧砌体，如图 5-14 所示。

上述各种砌法中，每层墙的最下一皮和最上一皮，在梁和梁垫的下面，墙的阶台水平面上均应用丁砖层砌筑。

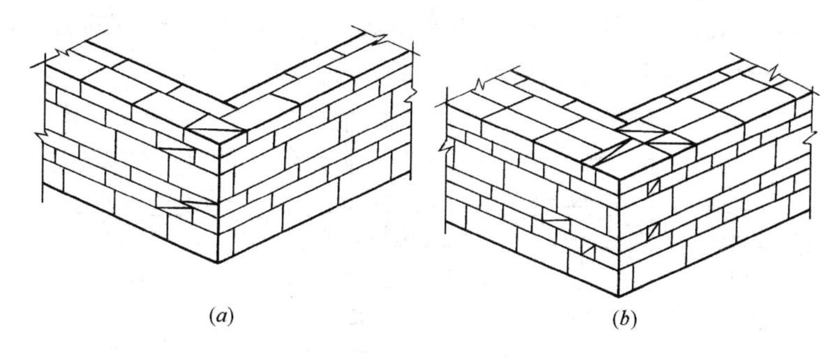

图 5-14　二平一侧砌法

(a) 180mm 厚砌体；(b) 300mm 厚砌体

(四) 矩形砖柱的组砌方法

1. 砖柱的形式

砖柱一般分为矩形、圆形、正多角形和异形等几种。矩形砖柱分为独立柱和附墙柱两类；圆形柱和正多角形柱一般为独立砖柱；异形砖柱较少，现在通常由钢筋混凝土柱代替。

2. 对砖柱的要求

砖柱一般是承重的，因此，比砖墙更要认真砌筑。要求柱面上下各皮砖的竖缝至少错开 1/4 砖长，柱心不得有通缝，并尽量少打砖，也可利用 1/4 砖，绝对不能采用先砌四周砖后填心的包心砌法。对砖柱，除了与砖墙相同的要求以外，应尽量选边角整齐、规格一致的整砖砌筑。每工作班的砌筑高度不宜超过 1. 8m，柱面上不得留设脚手眼，如果是成排的砖柱必须拉通线砌筑，以防发生扭转和错位。当柱与隔墙不能同时砌筑时，可于柱中留出直槎，并于柱的灰缝中预埋拉结条，每道不少于 2 根。对于清水墙配清水柱，要求水平灰缝在同一标高上。附墙柱在砌筑时应使墙和柱同时砌筑，不能先砌墙后砌柱或先砌柱后砌墙。

3. 矩形柱的组砌方法

矩形柱的组砌方法如图 5-15 所示。图中一砖半柱的组砌方法为常用方法，虽然它在上下两皮砖间有两条 1/2 砖长的通逢，但砍砖少，有利于节约材料和提高工效。

第二皮
第一皮
(a)
第二皮
第一皮
(b)
第一皮
第三皮
第二皮
第四皮
(c)

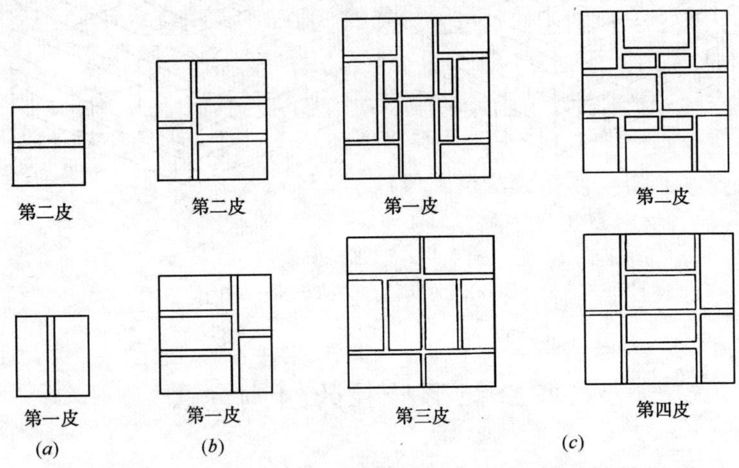

图 5-15 矩形独立柱的组砌形式

(a) 240mm×240mm；(b) 365mm×365mm；(c) 490mm×490mm

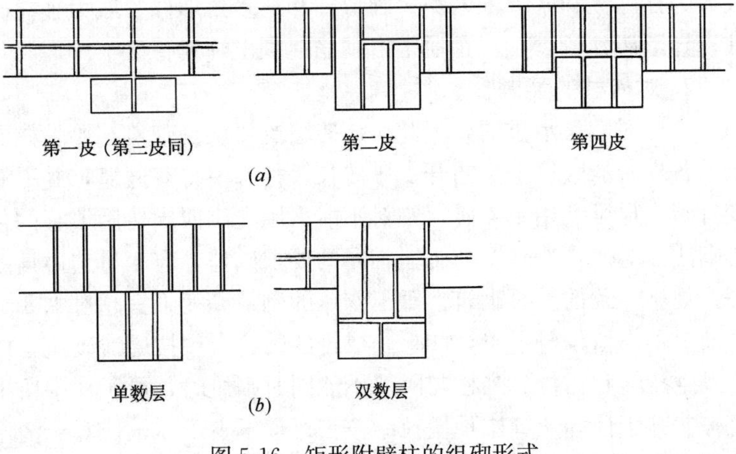

第一皮 (第三皮同)
第二皮
第四皮
(a)
单数层
双数层
(b)

图 5-16 矩形附壁柱的组砌形式

(a) 240mm 墙附 120mm×365mm 砖垛；(b) 240mm 墙附 240mm×365mm 砖垛

矩形附墙砖柱的组砌方法要根据墙厚不同及柱的大小而定，无论哪种砌法都应使柱与墙逐皮搭接，切不可分离砌筑，搭接长度至少 1/2 砖长，柱根据错缝需要，可加砌 3/4 砖或半砖。图 5-16 所示为一砖墙上附有不同尺寸柱的砌法。

另外，一砖半砖柱最容易犯包心砌法的毛病，应多加注意。

操作技能训练

按三顺一丁组砌法砌大角：

1. 材料及工具准备

（1）材料为标准砖 140 块/每学员。

（2）工具为瓦刀、角尺、线锤和墨斗。

2. 操作步骤

（1）在平整的地面上用角尺和墨斗弹出所要摆砌墙体的边线。

（2）一手握住砖，一手拿瓦刀，用瓦刀在砖上划出“七分头”线，再用瓦刀将砖砍成“七分头”。用同样方法得到半砖。

（3）按第一皮砖至第四皮砖的摆砌方法进行干摆，用线锤检查垂直度和平整度。

（4）摆好砖后再拆除，将砖块码堆、清理现场，这样反复操作，直至熟练掌握为止。

六、砖砌体的传统操作法

（一）砌砖的基本功

砖砌体是由砖和砂浆共同组成的。每砌一块砖，需经铲灰、铺灰、取砖、摆砖四个动作来完成，这四个动作就是砌筑工的基本功。

1. 铲灰

用瓦刀铲灰时，因为瓦刀是长条形的，铲在瓦刀上的灰也应呈长条形，一般可将瓦刀贴近灰斗的长边（靠近操作者的一边）顺长取灰，就可以取到长条形的灰，同时还要掌握好取灰的数量，尽量做到一刀灰一块砖。

2. 铺灰

砌砖速度的快慢和砌筑质量的好坏与铺灰有很大关系。灰铺得好，砌起砖来会觉得轻松自如，砌好的墙也干净利落。初学者可单独在一块砖上练习铺灰、砖平放、铲一刀灰，顺着砖的长方向放上去，然后用挤浆法砌筑。

3. 取砖

用挤浆法操作时，铲灰和取砖的动作应该一次完成，这样不仅节约时间，而且减少了弯腰的次数，使操作者能比较持久地操作。取砖时包括选砖，操作者对摆放在身边的砖要进行全面的观察，哪些砖适合砌在什么部位，要做到心中有数。当取第一块砖时就要看准要用的下一块砖，这样，操作起来就能得心应手。砖在脚手架上是紧排侧放的，要从中间取出一块砖可能比较困难，这时可以用瓦刀或大铲去勾一下砖的外面，使砖翘起一个角度，就好取砖了。

所谓拿到合适的砖，是针对砖的外观质量而言，如砌清水墙，正面必须色泽一致，楞角整齐，这时就要求操作者托在手掌上用旋转的方法来选换砖面，这也是砌筑工必须掌握的基本技术之一。初学时可以用一块木砖练，将砖平托在左手掌上，使掌心向上，砖的大面贴在手心，这时用该手的食指或中指稍勾砖的边棱，依靠四指向大拇指方向的运动，配合抖腕动作，砖就在左掌心旋转起来了。操作者可观察砖的四个面（两个条面、两个丁面），然后选定最合适的面朝向墙的外侧。

4. 摆砖

摆砖是完成砌砖的最后一个动作，砌体能不能做到横平竖直、错缝搭接、灰浆饱满、整洁美观的要求，关键在摆砖上下功夫。练习时可单独在一段墙上操作，操作者的身体同墙皮保持20cm左右的距离，手必须握住砖的中间部分，摆放前用瓦刀粘少量灰浆刮到砖的端头上，抹上“碰头灰”，使竖向砂浆饱满。摆放时要注意手指不能碰撞准线，特别是砌顺砖的外侧面时，一定要在砖将要落墙时的一瞬间翘起大拇指。砖摆上墙以后，如果高出准线，可以稍稍揉压砖块，也可用瓦刀轻轻叩打。灰缝中挤出的灰可用瓦刀随手刮起甩入竖缝中。

5. 砍砖

砍砖的动作虽然不在砌筑的四个动作之内，但却是为了满足砌体的组砌要求。砖的砍凿一般用瓦刀或刨锛作为砍凿工具，当所需形状比较特殊且用量较多时，也可利用扁头钢凿、尖头钢凿配合手锤开凿。开凿尺寸的控制一般是利用砖作为模数来进行画线的，其中七分头用得最多，可以在瓦刀柄和刨锛把上先量好位置，刻好标记槽，以利提高工效。

（1）七分头的砍凿方法

1）选砖：准备开凿的砖要求外观平整，无缺楞、掉角、裂缝，也不能用烧过火的砖和欠火砖。符合这些条件后，应一手持砖、一手用瓦刀或刨锛轻轻敲击砖的大面，如果声音清脆即为好砖，砍凿效果好。如果发出“壳壳壳”的声音，则表明内在质地不匀，不可砍凿。

2）标定砍凿位置：当使用瓦刀砍凿时，一手持砖使条面向上，以瓦刀所刻标记处伸量一下砖块，在相应长度位置用瓦刀轻轻划一下，然后用力斩一二刀即可完成。当使用刨锛时，一手持砖使条面向上，以刨锛手柄所刻标记对准砖的条面，轻轻晃动刃口，就在砖的条面上划出了印子，然后举起刨锛砍凿划痕处，一般1～2下即可砍下二分头。以上两个动作在实际操作时是紧紧相连的，仅需2～3秒的时间，七分头的砍凿如图6-1所示。

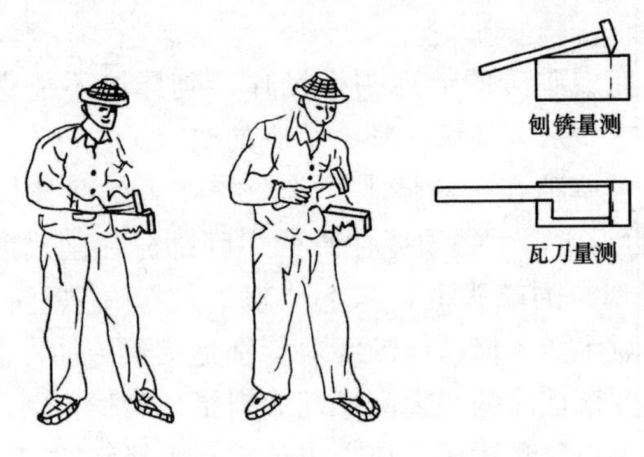

图6-1　七分头的砍凿

（2）二寸条的砍凿方法

二寸条俗称半半砖（约5.7cm×24cm），是比较难以砍凿的。目前电动工具发达，可以利用电动工具来切割，也可利用手工方法砍凿。

1）瓦刀刨锛法：砍凿时同样要通过选砖和砍凿两个步骤。

选砖的方法和步骤与挑选砍七分头砖一样，但是二寸条更难砍凿，所以对所选的砖要求更高。选好砖以后，利用另一块砖作为尺模，在要砍凿的砖的两个大面都划好刻痕（印子），再用瓦刀或刨锛在砖的两个丁面上各砍一下，然后用瓦刀的刃口尖端或刨锛的刀口轻轻叩打砖的两个大面，并逐步增加叩打的力量，最后在砖的两个丁面用力砍凿一下，二寸条即可砍成。

2）手锤钢凿法：利用手锤和钢凿（錾子）配合，能减少砖的破碎损耗，也是砍凿耐火砖的常用方法。

初级砌筑工，可能对瓦刀、刨锛的使用法还缺乏一定的经验和技能，可以利用手锤和钢凿的配合来加工二寸条。另外，当二寸条的使用量较多时，为了避免材料的不必要损耗，也可指定专人利用手锤、钢凿集中加工。

集中开凿时，最好在地上垫好麻袋或草袋等，使开凿力量能够均匀分布，然后将砖块大面朝上，平放于麻袋上，操作者用脚尖踩砖的丁面，左手持凿，右手持锤，轻轻开凿。一般先用尖头钢凿顺砖的丁面→大面→另一丁面→另一大面轻轻密排打凿一遍，然后以扁钢凿顺已开凿的印子打凿即能凿开。

（二）瓦刀披灰操作法

1. 什么叫瓦刀披灰法

瓦刀披灰法又叫满刀灰法或带刀灰法，是一种常见的砌筑方法，特别是在砌空斗墙时都采用此种方法。由于我国古典建筑多数采用空斗墙作填充墙，所以瓦刀披灰法有悠久的历史。用瓦刀披灰法砌筑时，左手持砖右手拿瓦刀，先用瓦刀在灰斗中刮上砂浆，然后用瓦刀把砂浆正手披在砖的一侧，再反手将砂浆抹满砖的大面，并在另一侧披上砂浆。砂浆要刮布均匀，中间不要留空隙，丁头缝也要满披砂浆，然后把满披砂浆的砖块轻轻按在墙上，直到与准线相平齐为止。每皮砖砌好后，用瓦刀将挤出墙面的砂浆刮起并甩入竖向灰缝内。

2. 瓦刀披灰法的优缺点

瓦刀披灰法砌筑时，因其砂浆刮得均匀，灰缝饱满，所以砌筑的砂浆饱满度较好。但是每砌一块砖都要经过 6 个打灰动作，工效太低。这种方法适用于砌空斗墙、1/4 砖墙、拱鏇、窗台、花墙、炉灶等。由于这种方法有利于砌筑工的手法锻炼，历来被列为砌筑工入门的基本训练之一。

3. 操作方法

瓦刀披灰法适合于稠度大、黏性好的砂浆，有些地区也使用黏土砂浆和白灰砂浆。瓦刀披灰法应使用灰斗存灰，取灰时，右手提握瓦刀把，将瓦刀头伸入泥桶内，顺着灰斗靠近身边的一侧轻轻刮取，砂浆即粘在瓦刀头上，所以又叫带刀灰。这样不仅可使砂浆粘满瓦刀，而且取出的灰光滑圆润，利于披刮。瓦刀披灰法的刮灰动作如图 6-2 所示。

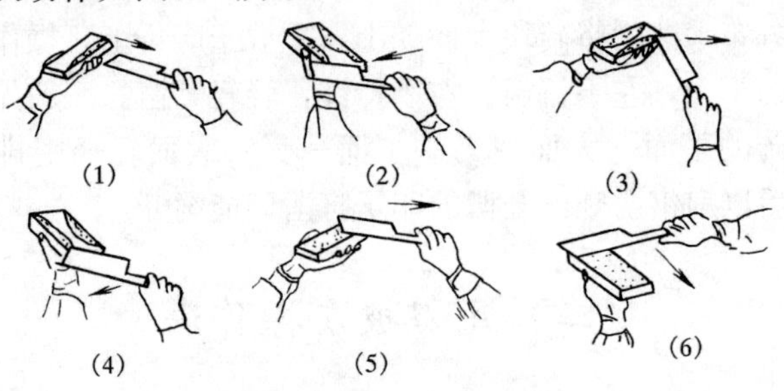

图 6-2 瓦刀披灰法的刮灰动作

以上的六个动作仅仅刮了一个砖的大面，如果是黏土砂浆或白灰砂浆，这个面上形成一个四面高中间低的形状，俗称"蟹壳灰"。大面上灰浆打好以后，还要根据是丁砖还是顺砖，打上条面或丁面的竖向灰。砖砌到墙上以后，刮取挤出的灰浆再甩入竖缝内。条面或丁面的打灰方式可参照大面的办法进行，只要大面的灰能够打好，条面和丁面也没有问题。

砌筑空斗墙时，特别要弄清灰应该打在砖的哪一面，因为砖在手中和在砌体内的位置和方向是不一样的，打灰必须弄清手中的砖砌到墙上以后是什么方位，哪几个面要打灰。空斗墙内的砖有很多地方是不需要打灰的，不能生搬硬套图 6-2 的做法。

（三）"三·一"砌砖法

1. "三·一"操作法的三个步骤

所谓"三·一"砌筑法是指一铲灰、一块砖、一揉挤这三个"一"的动作过程。

(1) 铲灰取砖：如前所述，理想的操作方法是将铲灰和取砖合为一个动作进行。先是右手利用工具钩起侧码砖的丁面，左手随之取砖，右手再铲灰。拿砖时就要看好下一块砖，以确定下一个动作的目标，这样有利于提高工效。铲灰量凭操作者的经验和技艺来确定，以一铲灰刚好能砌一块砖为准。

(2) 铺灰：砌条砖铺灰采取正铲甩灰和反扣的两个动作。甩的动作应用于砌筑离身较远且工作面较低的砖墙，甩灰时握铲的手利用手腕的挑力，将铲上的灰拉长而均匀地落在操作面上。扣的动作应用于正面对墙、操作面较高的近身砖墙，扣灰时握铲的手利用手臂的前推力将灰条扣出。

砌三七墙的里丁砖，采取扣灰刮虚尖的动作，铲灰要呈扁平状，大铲尖部的灰要少，扣出灰要前部高后部低，随即用铲刮虚尖灰，使碰头缝灰浆挤严。砌三七墙的外丁砖时，铲灰呈扁平状，灰的厚薄要一致，由外往里平拉铺灰，采取泼的动作。平拉反腕泼灰用于侧身砌较远的外丁砖墙；平拉正腕泼灰用于砌近身正面的外丁砖墙。

(3) 揉挤：灰铺好后，左手拿砖在离已砌好的砖约有30～40mm处开始平放，并稍稍蹭着灰面，把灰浆刮起一点到砖顶头的竖缝里，然后把砖揉一揉，顺手用大铲把挤出墙面的灰刮起来，再甩到竖缝里。揉砖时要做到上看线下看墙，做到砌好的砖下跟砖棱上跟挂线。

2. “三·一”砌砖法的动作分解

“三·一”砌筑法可分解为铲灰、取砖、转身、铺灰、揉挤和将余灰甩入竖缝6个动作，如图6-3所示。

3. “三·一”砌砖法的步法

一般的步法是操作者背向前进方向（即退着往后），斜站成步距约0.8m的丁字步，以便随着砌筑部位的变化，取砖、铲灰时身体能转动灵活。一个丁字步可能完成1m长的砌筑工作量。在砌离身体较远的砖墙时，身体重心放在前足，后足跟可以略微抬起，砌到近身部位时，身体移到后腿，前腿逐渐后缩。在完成

图 6-3 “三·一”砌砖法的动作分解

1m 工作量后，前足后移半步，人体正面对墙，还可以砌 500mm，这时铲灰、砌砖脚步可以以后足为轴心稍微转动，砌完 1.50m 长的墙，人就移动一个工作段。这种砌法的优点是操作者的视线看着已砌好的墙面，因此便于检查墙面的平直度，并能及时纠正，但因为人斜向墙面，竖缝不易看准，因此，要严加注意。“三·一”砌筑法的步法如图 6-4 所示。

4. “三·一”砌筑法的手法（如图 6-5 所示）

5. 操作环境布置

砖和灰斗在操作面上安放位置，应方便操作者砌筑，安放不当会打乱步法，增加砌筑中的多余动作。

灰斗的放置由墙角开始，第一个灰斗布置在离大角 60～80cm 处，沿墙的灰斗距离为 1.5cm 左右，灰斗之间码放两排

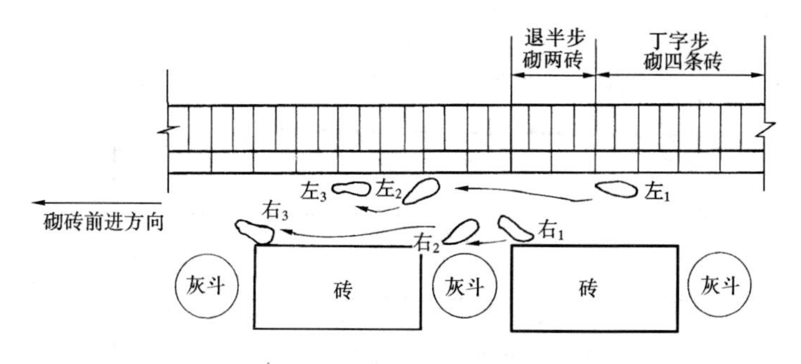

图 6-4 “三·一”砌筑法的步法

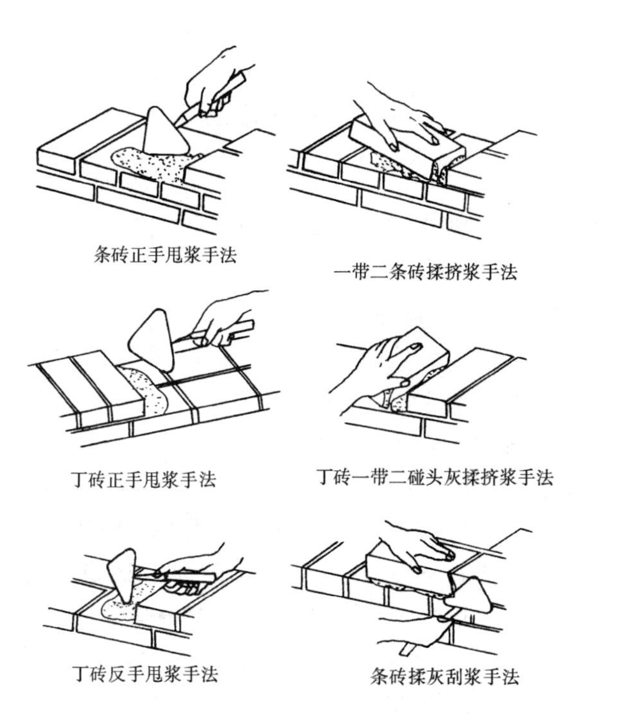

图 6-5 “三·一”砌筑法的手法

砖，要求排放整齐。遇有门窗洞口处可不放料，灰斗位置相应退出门窗口 60～80cm，材料与墙之间留出 50cm，作为操作者的工作面。砖和砂浆的运输在墙内楼面上进行。灰斗和砖的排放如图

6-6所示。

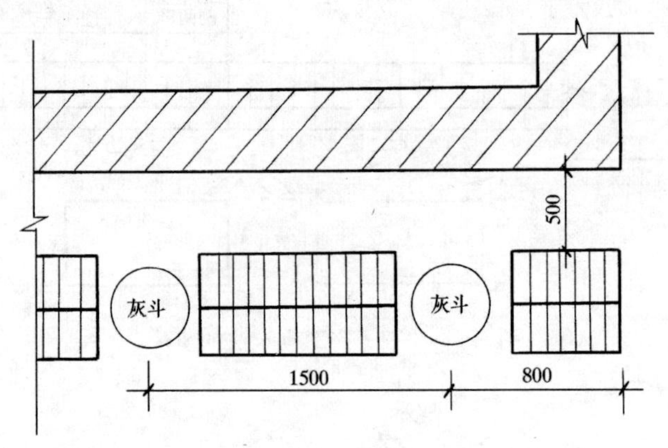

图6-6　灰斗和砖的排放

（四）“二三八一”操作法

1. “二三八一”操作法的由来

“二三八一”操作法就是把砌筑工砌砖的动作过程归纳为二种步法、三种弯腰姿势、八种铺灰手法、一种挤浆动作，叫作“二三八一砌砖动作规范”，简称“二三八一”操作法。

经过仔细分析，认为砌一块砖要有17个动作：90°弯腰→在灰斗内翻拌砂浆→选砖→拿砖→转身→移步→把砂浆扣在砌筑面上→用铲推平砂浆→刮取碰头灰→把砖放在砌筑面上→一手扶砖、一手提铲并用铲尖顶住砖的外侧揉搓→敲砖→第一次刮取灰缝中挤出的余浆→将余浆甩入碰头竖缝内→第二次敲砖→第二次刮取余浆→将余浆甩回灰斗内。

这是根据一般砌筑工的操作进行分解的。对于技术不熟练的工人和有不良习惯的操作者来说，还可能有其他多余的动作。这样一分解，发现砌一块砖实在太复杂了，而砌筑工一天要砌1000多块砖，特别容易疲劳，于是根据人体工程学的原理，对使用大铲砌砖的一系列动作进行合并，并使动作科学化，按此办法进行砌砖，不仅能提高工效，而且人也不易疲劳。

2. 二种步法

在总结“三·一”砌筑法的基础上，对步法进行了分析，并规定了比较轻松的二种步法，那就是丁字步和并列步。

砌砖时采用“拉槽取法”，操作者背向砌砖前进方向退步砌筑。开始砌筑时，人斜站成丁字步，左足在前、右足在后，后腿紧靠灰斗。这种站立方法稳定有力，可以适应砌筑部位的远近高低变化，只要把身体的重心在前后之间变换，就可以完成砌筑任务。

后腿靠近灰斗以后，右手自然下垂，就可以方便地在灰斗中取灰。右足绕足跟稍微转动一下，又可以方便地取到砖块。

砌到近身以后，左足后撤半步，右足稍稍移动即成为并列步，操作者基本上面对墙身，又可完成 50cm 长的砖墙砌筑。在并列步时，靠两足的稍稍旋转来完成取灰和取砖的动作。

一段砌筑全部砌完后，左足后撤半步，右足后撤一步，第二次又站成丁字步，再继续重复前面的动作。每一次步法的循环，可以完成 1.5m 的墙体砌筑，所以要求操作面上灰斗的排放间距也是 1.5m。这一点与“三·一”砌筑法是一样的。

3. 三种弯腰姿势

（1）侧身弯腰姿势

当操作者站成丁字步的姿势铲灰和取砖时，应采取侧身弯腰的动作，利用后腿微弯、斜肩和侧身弯腰来降低身体的高度，以达到铲灰和取砖的目的。侧身弯腰时动作时间短，腰部只承担轻度的负荷。在完成铲灰取砖后，可借助伸直后腿和转身的动作，使身体重心移向前腿而转换成正弯腰（砌低矮墙身时）。

由于动作连贯，由腿、肩、腰三部分形成复合的肌肉活动，从而减轻了单一弯腰的劳动强度。

（2）丁字步弯腰

当操作者站成丁字步，并砌筑离身体较远的矮墙身时，应采用丁字步正弯腰的动作。

（3）并列步正弯腰

丁字步正弯腰时重心在前腿，当砌到近身砖墙并改换成并列步砌筑时，操作者就采用并列步正弯腰的动作。

“二三八一”操作法采用“拉槽砌法”，使操作者前进的方向与砌筑前进的方向相一致，避免了不必要的重复，而各种弯腰姿势根据砌筑部位的不同而进行协调的变换。侧弯腰→丁字步弯腰→侧身弯腰→并列步弯腰的交替变换，可以使腰部肌肉交替活动，对于减轻劳动强度，保护操作者腰部健康是有益的。三种弯腰姿势的动作分解如图 6-7 所示。

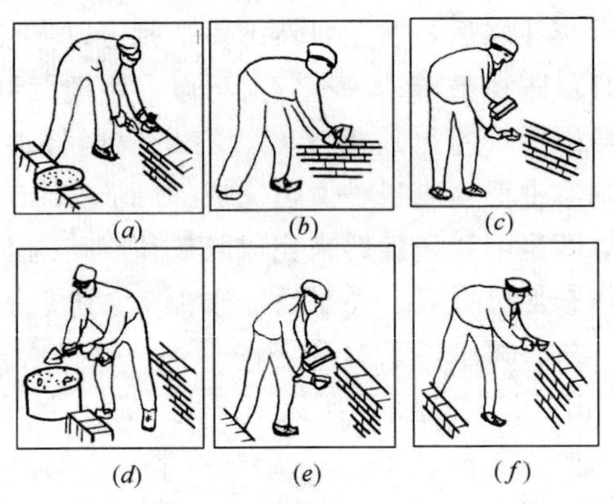

图 6-7　三种弯腰的动作分解

（*a*）丁字步弯腰；（*b*）丁字步弯腰；（*c*）并列步正弯腰；
（*d*）侧身弯腰；（*e*）侧身弯腰；（*f*）丁字步弯腰

4. 八种铺灰手法

（1）砌条砖时的三种手法

1）甩法：甩法是“三·一”砌筑法中的基本手法，适用于砌离身体部位低而远的墙体。铲取砂浆要求呈均匀的条状，当大铲提到砌筑位置时，将铲面转 90°，使手心向上，同时将灰顺砖面中心甩出，使砂浆呈条状均匀落下，甩灰的动作分解如图 6-8 所示。

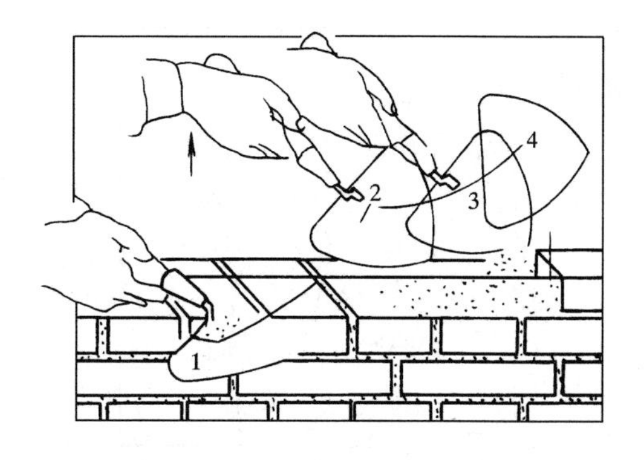

图 6-8　砌条砖“甩”铺灰动作分解

2）扣法：扣法适用于砌近身和较高部位的墙体，人站成并列步。铲灰时以后腿足跟为轴心转向灰斗，转过身来反铲扣出灰条，铲面的运动路线与甩法正好相反，也可以说是一种反甩法，尤其在砌低矮的近身墙时更是如此。扣灰时手心向下，利用手臂的前推力扣落砂浆，其动作形式如图 6-9 所示。

图 6-9　砌条砖“扣”的铺灰动作

3）泼法：泼法适用于砌近身部位及身体后部的墙体，用大铲铲取扁平状的灰条，提到砌筑面上，将铲面翻转，手柄在前，平行向前推进泼出灰条，其手法如图 6-10 所示。

（2）砌丁砖时的三种手法

1）砌里丁砖的溜法：溜法适用砌一砖半墙的里丁砖，铲取

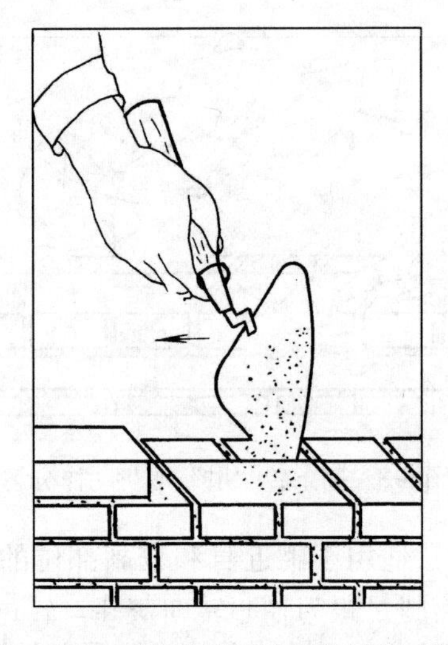

图 6-10　砌条砖的“泼”的铺灰动作

的灰条要求呈扁平状，前部略厚，铺灰时将手臂伸过准线，使大铲边与墙边取平，采用抽铲落灰的办法，如图 6-11 所示。

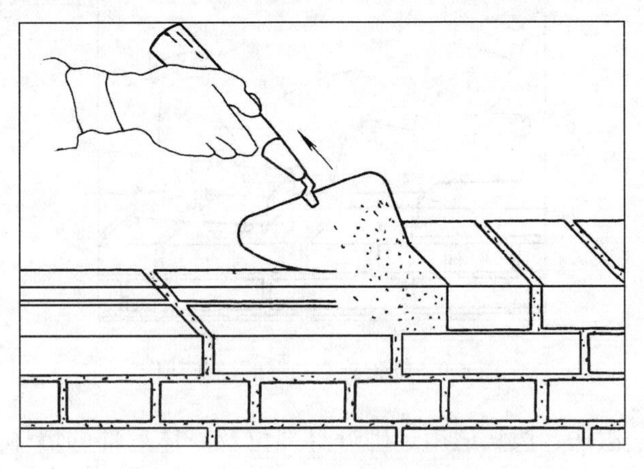

图 6-11　砌里丁砖“溜”的铺灰动作

2）砌丁砖的扣法：铲灰条时要求做到前部略低，扣到砖面上后，灰条外口稍厚，其动作如图 6-12 所示。

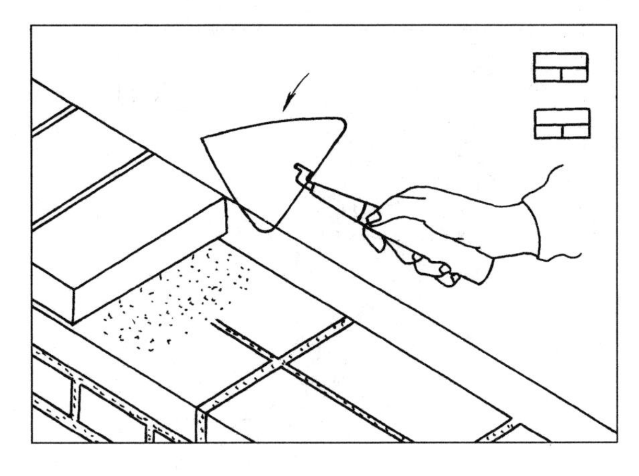

图 6-12　砌里丁砖“扣”的铺灰动作

3）砌外丁砖的泼法：当砌三七墙外丁砖时可采用泼法。大铲铲取扁平状的灰条，泼灰时落点向里移一点，可以避免反面刮浆的动作。砌离身体较远的砖可以平拉反泼，砌近身处的砖采用正泼，其手法如图 6-13 所示。

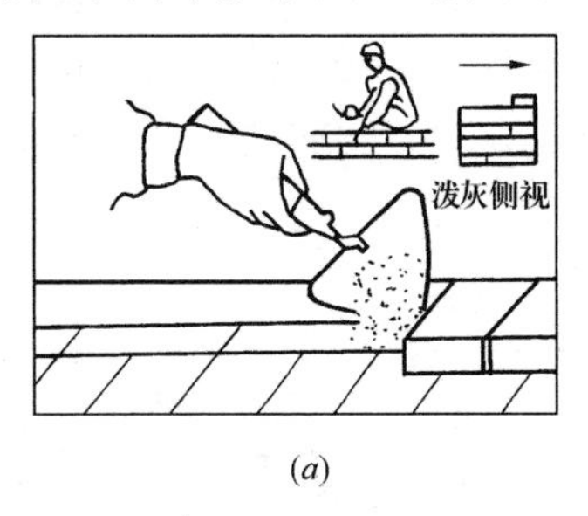

(*a*)

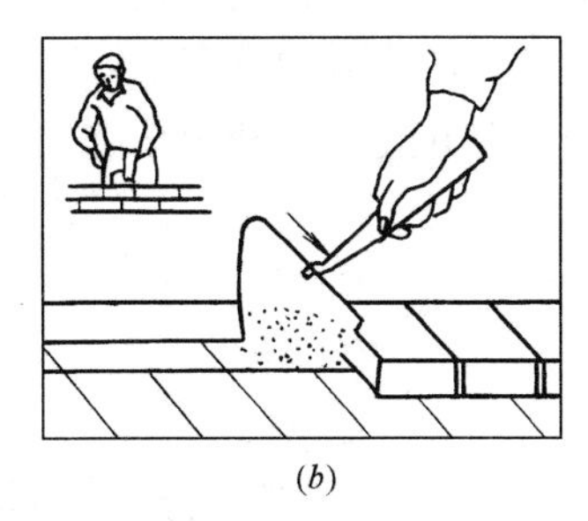

(*b*)

图 6-13　砌外丁砖的“泼”法

(*a*) 平拉反泼；(*b*) 正泼

（3）砌角砖时的溜法

砌角砖时，用大铲铲起扁平状的灰条，提送到墙角部位并与墙边取齐，然后抽铲落灰。采用这一手法可减少落地灰，如图 6-14 所示。

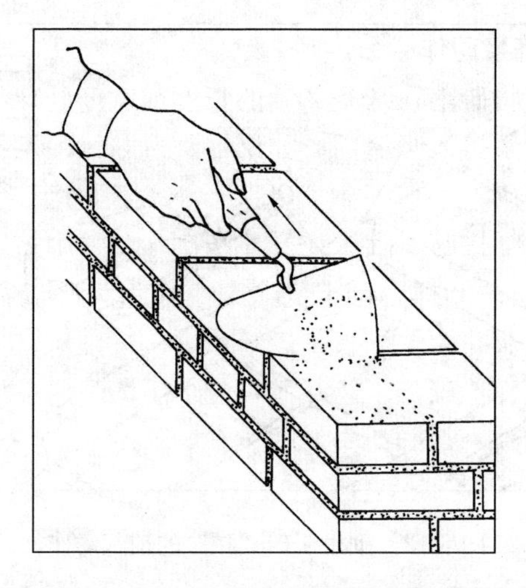

图 6-14　砌角砖"溜"的铺灰动作

（4）一带二铺灰法

砌丁砖时，由于竖缝的挤浆面积比条砖大一倍，外口砂浆不易挤严，可以先在灰斗处将丁砖的碰头灰打上，再铲取砂浆转身铺灰砌筑，这样做就多了一次打灰动作。一带二铺灰法是将这两个动作合并起来，利用在砌筑面上铺灰时，将砖的丁头伸入落灰处接打碰头灰。这种做法铺灰后要摊一下，砂浆才可摆砖挤浆，在步法上也要作相应变换，其手法如图 6-15 所示。

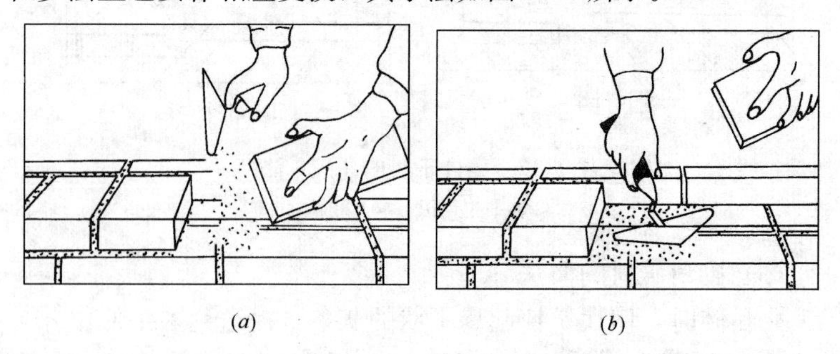

(*a*)　(*b*)

图 6-15　"一带二"铺灰动作（适用于砌外丁砖）

（*a*）将砖的丁头接碰头灰；（*b*）摊铺砂浆

5. 一种挤浆动作

挤浆时应将砖落在灰条 2/3 的长度或宽度处，将超过灰缝厚度的那部分砂浆挤入竖缝内。如果铺灰过厚，可用揉搓的办法将过多的砂浆挤出。

在挤浆和揉搓时，大铲应及时接刮从灰缝中挤出的余浆，像"三·一"砌筑法一样，刮下的余浆可以甩入竖缝内，当竖缝严实时也可甩入灰斗中。如果是砌清水墙，可以用铲尖稍稍伸入平缝中刮浆，这样不仅刮了浆，而且减少了勒缝的工作量和节约了材料，挤浆和刮余浆的动作如图 6-16 所示。

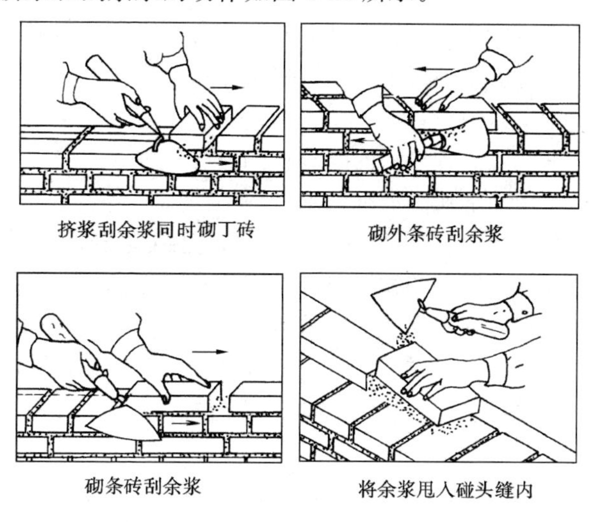

图 6-16　挤浆和刮余浆的动作

6. 实施"二三八一"操作法的条件

"二三八一"操作法把原来的 17 个动作复合为 4 个动作，即双手同时铲灰和拿砖→转身铺灰→挤浆和接刮余灰→甩出余灰。如此极大简化了操作，而且使身体各部肌肉轮流运动，减少疲劳。但和"三·一"砌筑法一样，必须具备一定的条件，才能很好的实施"二三八一"操作法。

（1）工具准备

大铲是铲取灰浆的工具，砌筑时，要求大铲铲起的灰浆刚好能砌一块砖，再通过各种手法的配合才能达到预期的效果。铲面呈三角形，铲边弧线平缓，铲柄角度合适的大铲才便于使用。可以利用废带锯片根据各人的生理条件自行加工。

（2）材料准备

砖必须浇水达到合适的程度，即砖的里层吸够一定水分，而且表面阴干。一般可提前 1～2d 浇水，停半天后使用。吸水合适的砖，可以保持砂浆的稠度，使挤浆顺利进行。

砂子一定要过筛，不然在挤浆时会因为有粗颗料而造成挤浆困难。除了砂浆的配合比和稠度必须符合要求外，砂浆的保水性也很重要，离析的砂浆很难进行挤浆操作。

（3）操作面的布置

与“三・一”砌筑法的要求相同。

（4）加强基本功的训练

要认真推行“二三八一”操作法，必须培养和训练操作工人。本法对于砌筑工的初学者，由于没有习惯动作，训练起来更见效。一般经过三个月的训练就可达到日砌 1500 块砖的效率。

操作技能训练

在本课题的操作训练中，要求进行砌筑基本功的训练；同时要求采用瓦刀披灰法砌筑空斗墙训练。要求通过训练了解和掌握“三・一”砌筑法的操作技巧，并重点进行“二三八一”操作法的操作训练。

七、砖石基础的砌筑

（一）砖石基础砌筑的操作工艺顺序

准备工作→拌制砂浆→确定组砌方法→排砖撂底→收退（放脚）→正墙→检查→抹防潮层（找平层）结束基础→勾缝。

（二）砖石基础砌筑的操作工艺要点

1. 准备工作

（1）施工准备

砖石基础砌筑是在土方开挖结束后，垫层施工完毕，已经放好线、立好皮数杆的前提下进行的。砖石基础施工前，一方面应熟悉施工图，了解设计要求，听取施工技术人员的技术交底，另一方面应对上道工序进行验收，如检查土方开挖尺寸和坡度是否正确，基底墨斗线是否齐全、清楚，基础皮数杆的立设是否恰当，垫层或基底标高是否与基础皮数杆相符，如高差偏大，则采用C10细石混凝土找平，严禁在砂浆中加细石及砍砖包盒子。

（2）材料准备

1）砖石：检查砖石的规格、强度等级、品种等是否符合设计要求，并提前做好浇水洇砖工作。

2）水泥：要弄清水泥是袋装还是散装，它们的出厂日期、强度等级是否符合要求。如果是袋装水泥，要抽查过磅，以检查袋装水泥的计量正确程度。

3）砂子：砂子一般用中砂，要求先经过5mm筛孔过筛。如果采用细砂，应提请施工技术人员调整配合比，砂粒必须有足够的强度，粉末量应与含泥量一样限制。

4）掺和料：掺和料指石灰膏、粉煤灰等，冬期施工时也有掺入磨细生石灰代替石灰膏的。应注意的是长期在水位线以下的基础墙中，砂浆不能使用石灰膏等气硬性掺和料。

5）外加剂：有时为了节约石灰膏和改善砂浆的和易性，使用添加微沫剂，这时应了解其性能和添加方法。冬期施工时的外加剂将另有专题介绍。

6）其他材料：如拉结筋、预埋件、木砖、防水粉（或防水剂）等均应一一检查其数量、规格是否符合要求。

（3）作业条件准备

即操作前的准备，是为操作直接服务的，操作者应给予足够的重视。

1）检查基槽土方开挖是否符合要求，灰土或混凝土垫层是否验收合格。土壁是否安全，上下有无踏步或梯子。

2）检查基础皮数杆最下一层砖是否为整砖，如不是整砖，要弄清各皮数杆的情况，确定是“提灰”还是“压灰”。如果差距较大，超过 20mm 以上，应用细石混凝土找平。

3）检查砂浆搅拌机是否正常，后台计量器材是否齐全、准确。对运送材料的车辆进行过磅计量，以便装料后确定总配合比计量。

4）对基槽有积水的要予以排除，并注意集水井、排水沟是否通畅，水泵工作是否正常。

2. 拌制砂浆

（1）砂浆的配合比：砂浆的配合比一般是以质量比的形式来表达的，是经过试验确定的，配合比确定后，操作者应严格按要求计量配料，水泥的称量精确度控制在±2%以内，砂子和石灰膏等掺和料的称量精确度控制在±5%以内，外加剂由于总掺入量很少，更要按说明或技术交底严格计量加料，不能多加或少加。

（2）砂浆的使用：砂浆应随拌随用，对水泥砂浆或水泥混合砂浆，必须在拌制后 3～4h 内使用完毕。

（3）砂浆强度的测试：砂浆以砂浆试块经养护后试压测试强度的，每一施工段或每 250m 砌体，应制作一组（6 块）试块，如强度等级不同或变更配合比，均应另做试块。

3. 砖基础大放脚组砌方法

（1）砖基础的一般构造：基础砌体都砌成台阶形式，叫做大放脚。大放脚有等高式和间隔式两种，每两皮砖每边收进 60mm 的叫做等高式大放脚，第一个台阶两皮砖收一次，每边收进 60mm，第二台阶一皮砖收一次，每边也收进 60mm，如此循环变化的叫做间隔式大放脚。其收台形式如图 7-1 所示。

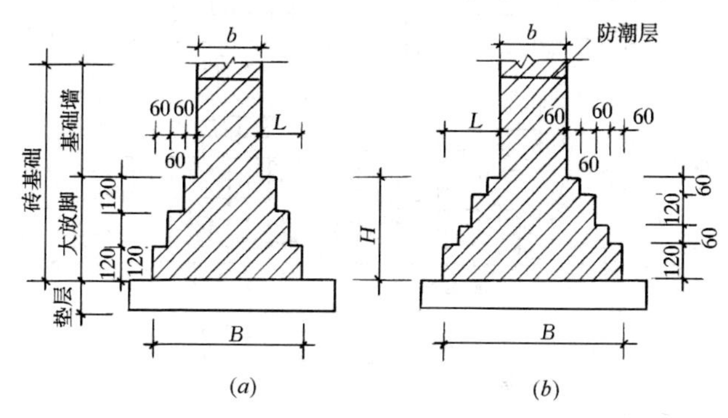

图 7-1　砖基础的形式

（*a*）等高式 $H:L=2$；（*b*）间隔式 $H:L=1.5$

（2）大放脚的组砌：当设计无规定时，大放脚及基础墙一般采用一顺一丁的组砌方式，由于它有收台阶的操作过程，组砌时比墙身复杂一些。如图 7-1 可知，大放脚基底宽度可以按下列计算：

$$B=b+2L$$

式中　B——大放脚宽度；

b——正墙身宽度；

L——放出墙身的宽度。

实际应用时，还要考虑灰缝的宽度，大放脚基底宽度计算好后，即可进行排砖撂底。

1）一砖墙身六皮三收等高式大放脚：此种大放脚共有三个台阶，每个台阶的宽度为 1/4 砖长，即 60mm，按上述计算，得到基底宽度 B＝600mm，考虑竖缝后实际应为 615mm，即两砖半宽，其组砌方式如图 7-2 所示。

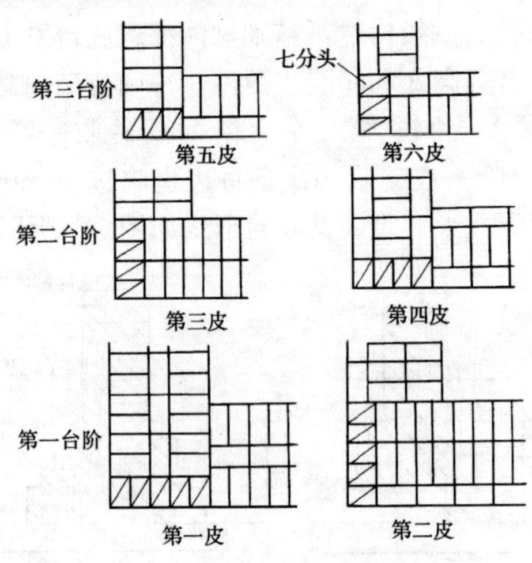

图 7-2　六皮三收大放脚台阶排砖方法

2）一砖墙身六皮四收大放脚：按上式计算，求得基底理论宽度为 720mm，实际为 740mm，其组砌方式如图 7-3 所示。

3）一砖墙身附一砖半宽、凸出一砖的砖垛时，四皮两收大放脚的做法：墙身的排底方法与上面两例相仿，关键在于砖垛部分与墙身的咬槎处理和收放。根据上述方法计算出墙身放脚宽为两砖，砖垛的放脚宽度两砖半，其组砌方式如图 7-4 所示。

4）一砖独立方柱六皮三收大放脚的做法：也可按上述方法计算得基底宽度为两砖半，其组砌方式如图 7-5 所示。

以上只是将常见的情况举了几个例子，实际的基础形式还有很多，希望读者根据举例的情况举一反三去推理，学会大放脚的收放操作。

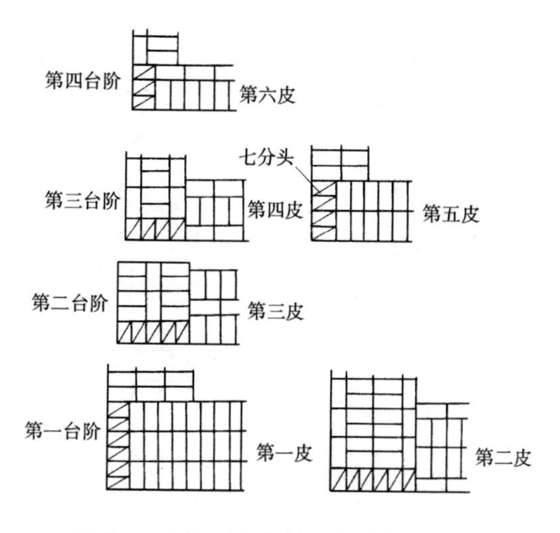

图 7-3　六皮四收大放脚台阶排砖方法

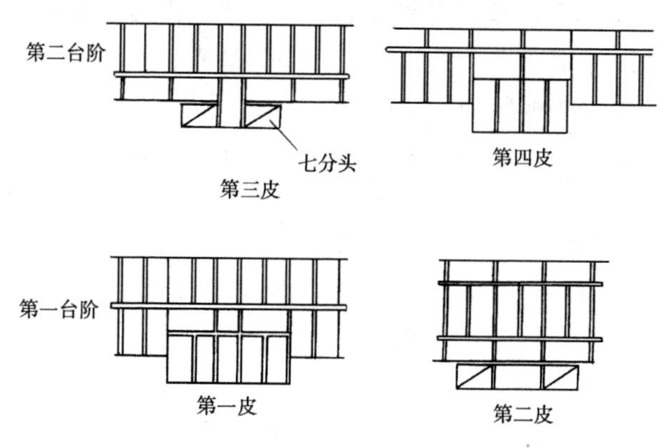

图 7-4　一砖墙身附一砖半砖垛四皮两收大放脚

4. 排砖撂底

排砖就是按照基底尺寸线和已定的组砖方式，不用砂浆，把砖在一段长度整个干摆一层，排时考虑竖缝的宽度，要求山墙摆成丁砖，檐墙摆成顺砖，即所谓“山丁檐跑”。

因为设计尺寸是以 100 为模数，砖是以 125 为模数，两者是有矛盾的，这个矛盾要通过排砖来解决。在排砖中要把转角、墙

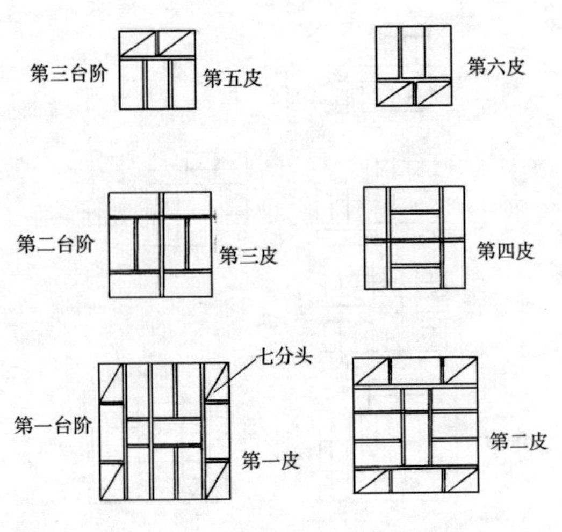

图 7-5　一砖方柱六皮三收大放脚

垛、洞口、交接处等不同部位排得既合砖的模数，又合乎设计的模数，要求接槎合理，操作方便。排砖是通过调整竖缝大小来解决设计模数和砖模数的矛盾的。

排砖结束后，用砂浆把干摆的砖砌起来，就叫撂底。对撂底的要求，一是不能改已排好砖的平面位置，要一铲灰一块砖的砌筑；二是必须严格与皮数杆标准砌平。偏差过大的应在准备阶段处理完毕，但 10mm 左右的偏差要靠调整砂浆灰缝厚度来解决。所以，必须先在大角按皮数杆砌好，拉好拉紧准线，才能使撂底工作全面铺开。

排砖撂底工作的好坏，影响到整个基础的砌筑质量，必须严肃认真地做好。

5. 砌筑

（1）盘角：即在房屋的转角、大角处砌好墙角。每次盘角高度不得超过五皮砖，并用线锤检查垂直度，同时要检查其与皮数杆的相符情况，如图 7-6 所示。

（2）收台阶：基础大放脚是要收台阶的，每次收台阶必须用卷尺量准尺寸，中间部分的砌筑应以大角处准线为依据，不能用

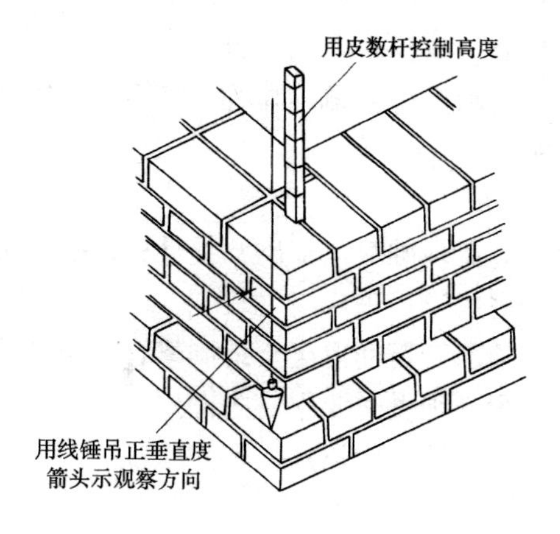

图 7-6　盘角示意

目测或砖块比量，以免出现偏差。收台阶结束后，砌基础墙前，要利用龙门板拉线检查墙身中心线，并用红铅笔将“中”画在基础墙侧面，以便随时检查复核。

（3）砌筑要求

1）基础如深浅不一，有错台或踏步等情况时，应从深处砌起。

2）如有抗震缝、沉降缝时，缝的两侧应按弹线要求分开砌筑。砌时缝隙内落入的砂浆要随时清理干净，保证缝道通畅。

3）基础分段砌筑必须留踏步槎，分段砌筑的高度相差不得超过 1.2m。

4）基础大放脚应错缝，利用碎砖和断砖填心时，应分散填放在受力较小的、不重要的部位。

5）预留孔洞应留置准确，不得事后开凿。

6）基础灰缝必须密实，以防止地下水的浸入。

7）各层砖与皮数杆要保持一致，偏差不得大于±10mm。

8）管沟和预留孔洞的过梁，其标高、型号必须安放正确，坐灰饱满，如坐灰厚度超过 20mm 时应用细石混凝土铺垫。

9）搁置暖气沟盖板的挑砖和基础最上一皮砖均应用丁砖砌

筑，挑砖的标高应一致。

10）地圈梁底和构造柱侧应留出支模用的“穿杠洞”，待拆模后再填补密实。

6. 防潮层

基础防潮层应在基础墙全部砌到设计标高后才能施工，最好能在室内回填土完成以后进行。

如果基础墙顶部有钢筋混凝土地圈梁，则可代替防潮层，如果没有地圈梁，则必须做防潮层。防潮层应作为一道工序来单独完成，不允许在砌墙砂浆中添加一些防水剂进行砌筑来代替防潮层。防潮层所用砂浆一般采用 1：2 水泥砂浆加入水泥质量 3%～5%的防水剂搅拌而成。如使用防水粉，应先把粉剂加水搅拌成均匀的稠浆后添加到砂浆中去。抹防潮层时，应先在基础墙顶的侧面抄出水平标高线，然后用直尺夹在基础墙两侧，尺面按水平线找准，然后摊铺砂浆，待初凝后再用木抹子收压一遍，做到平、实，表面毛面。

7. 毛石基础大放脚摆底

操作要点：

1）检查放线：毛石基础大放脚摆底前与砖基础大放脚一样，应及时做好基槽的检查与修正偏差和基槽边坡的修整。

毛石基础大放脚应放出基础轴线和边线，立好基础皮数杆，皮数杆上标明退台及分层砌石的高度，皮数杆之间要拉上准线。阶梯形基础还应定出立线和卧线，立线是控制基础大放脚每阶的宽度，卧线是控制每层高度及平整度，并逐层向上移动，如图 7-7 所示。

2）基础或垫层标高修正：毛石基础大放脚垫层标高修正同砖基础。如在地基上直接砌毛石，则应将基底标高清修以符合要求。

3）摆底：毛石基础大放脚，应根据放出的边线进行摆底工作，与砖基础大放脚相似，毛石基础大放脚的摆底，关键要处理好大放脚的转角，作好檐墙和山墙丁字相交接槎部位的处理。大角处应选择比较方正的石块砌筑，俗称放角石。角石应三个面比

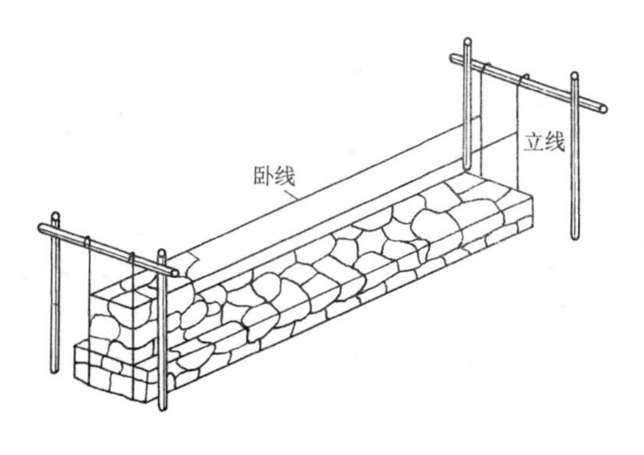

图 7-7　立线与卧线

较平整、外形比较方正，并且高度适合大放脚收退的断面高度。角石立好后，以此石厚为基准把水平线挂在这石厚高度处，再依线摆砌外皮毛石和内侧皮毛石，此两种毛石要有所选择，至少有两个面较平整，使底面窝砌平稳，外侧而平齐。外皮毛石摆砌好后，再填中间的毛石（俗称腹石）。

4）收退：毛石基础收退，应掌握错缝搭砌的原则。第一台砌好后应适当找平，再把立线收到第二个台阶，每阶高度一般为300～400mm，并至少二皮毛石，第二阶毛石收退砌筑时，要拿石块错缝试摆，上级阶梯的石块应至少压砌下级阶梯的1/2，相邻阶梯的毛石应相互错缝搭砌，阶梯形毛石基础每阶收退宽度不应大于200mm，如图7-8所示。

每砌完一级台阶（或一层），其表面必须大致平整，不可有尖角、驼角、放置不稳等现象。如有高出标高的石尖，可用手锤修正。毛石底坐浆应饱满，一般砂浆先虚铺4～5cm厚，然后把石块砌上去，利用石块的重量把砂浆挤摊开来铺满石块底面。

5）正墙：毛石基础大放脚收退到正墙身处，同样应做好定位和抄平工作，并引中心至大脚顶面和墙角侧边再分出边线。基础正墙主要依据基础上的墨线和在墙角处竖立的标高杆（相当于砌砖墙的皮数杆）进行砌筑。

毛石墙基正墙砌筑，要求确保墙体的整体性和稳定性，不应

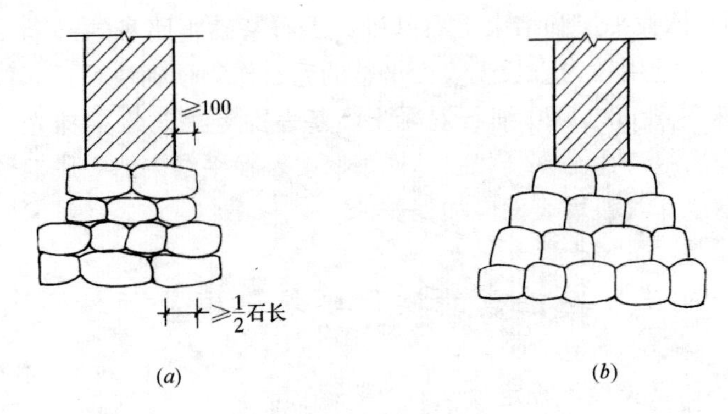

图 7-8　毛石基础
（a）阶梯形；（b）梯形

有干垫和双垫，每一层石块和水平方向间隔 1m 左右，要砌一层贯通墙厚压住内外皮毛石的拉结石（亦称满墙石），或墙厚大于 400mm 至少压满墙厚 2/3 能拉住内外石块。上下层拉结石呈现梅花状互相错开，防止砌成夹心墙。夹心墙严重影响墙体的牢固和稳定，对质量很不利，如图 7-9 所示。砌筑正墙还应注意，墙中洞口应预留出来，不得砌完后凿洞。沉降缝处应分两段砌，不应搭接。毛石基础正墙身一般砌到室外自然地坪下 100mm。

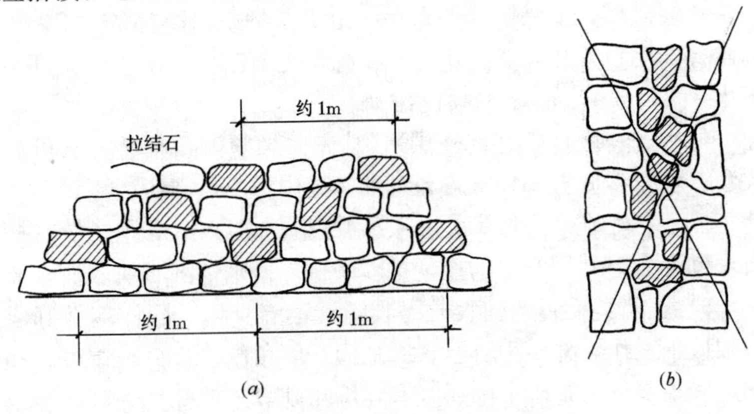

图 7-9　正墙砌筑拉结石形式
（a）拉结石立面位置图；（b）夹心墙

6）抹找平层和结束毛石基础：毛石基础正墙身的最上一皮摆放，应选用较为直长上表面平整的毛石作为顶砌块，顶面找平一般抹 50mm 的 C20 细石混凝土，基表面要加防水剂抹光。基础墙身石缝应用小抿子将石缝嵌填密实，找平结束即完成毛石基础全部工作，正墙表面应加强养护。

（三）应注意的操作要求和质量预控

1. 砂浆强度不稳定

影响砂浆强度的因素是计量不准，原材料质量变动，塑化材料的稠度不准而影响到掺入量，外加剂掺入量不准确，砂浆试块的制作和养护方示不当等。

应进行的控制是：加强原材料的进场验收，不合格或质量较差的材料进场后要立即采取相应的技术措施，对计量器具进行检测，并对计量工作派专人监控。调整搅拌砂浆时的加料顺序，使砂浆搅拌均匀，对砂浆试块应有专人负责制作和养护。

2. 基顶标高不准

由于基底或垫层标高不准，钉好皮数杆后又没有用细石混凝土找平偏差较大的部位，在砌筑时，两角的人没有通好气，造成两端错层，砌成螺丝墙，或者小皮数杆设置得过于偏离中心，基础收台阶结束后，小皮数杆远离基础墙，失去实用意义。所以在操作时必须按要求先用细石混凝土找平，撂底时要撂平。小皮数杆应用 20mm 见方的小木条制作，一则可以砌在基础内，二则也具有一定的刚度，避免变形。基础开砌前，要用水准仪复核小皮数杆的标高，防止因皮数杆不平而造成基顶不平。

3. 防止基础墙身位移过大的操作要求

基础墙身位移过大的主要原因是大放脚两边收退不均匀，砌到基础墙身时，未拉线找出正墙的轴线和边线，或者砌筑时墙身时，未拉线找出正墙的轴线和边线，或者砌筑时墙身垂直偏差过大。

解决此质量问题的操作要求如下：大放脚两边收退应用尺量收退，使其收退均匀，不得采用目测和砖块比量的方法。基础收退到正墙时必须复准轴线后砌筑，正墙还应经常对墙身垂直度进行检查，要求盘头角时每 5 皮砖吊线检查一次，以保证墙身垂直度。

4. 防止墙面平整度偏差过大的操作要求

墙面平整度偏差过大的主要原因是因为一砖半以上的墙体未双面挂线砌筑，还有砖墙挂线时跳皮挂线，另外还有舌头灰未刮清和毛石表面不平整所至。

其操作要点是：砖墙砌筑挂线应皮皮挂线不应跳皮挂线，一砖半以上墙必须双面挂线。砌筑还要随砌随清舌头灰，做到砖墙不碰线砌筑。对表面不平的毛石面应砌筑前修正，避免凹进凸出。

5. 防止基础墙交圈不平的操作要求

基础墙交圈不平的主要原因有：水平抄平，皮数杆木桩不牢固、松动、皮数杆立好后水平标高的复验工作不够，皮数杆不平引起基础交圈不平或者扭曲。

要解决这个质量问题，操作时应在每个立皮数杆的位置上抄好水平，立皮数杆的木桩应牢固、无松动，并且立好的皮数杆应全部复核检查符合后才可使用。

6. 留槎与接槎的操作要求

基础砌体的转角处和交接处应同时砌筑，因此在基础大放脚摆底时应尽量安排使内外墙体同时砌筑，对不能同时砌筑而又必须留置的临时间断处应砌成斜槎。砖砌体的斜槎长度不应小于高度的 2/3。如临时间断处留斜槎确有困难时，除转角外也可留直槎，但必须做成阳槎，并加设拉结筋，拉结筋加设应符合施工规范要求和抗震规范要求。

7. 防止水平灰缝高低和厚薄不匀的操作要求

这一问题主要反映在砖基础大放脚砌筑上，要防止水平灰缝高低和厚薄不匀问题产生，应做到盘角时灰缝均匀，每层砖要与皮数杆对平。砌筑时要左右照顾，线要收紧，挂线过长时中间应进行腰线，使挂线平直。

8. 埋入件和拉结筋位置不准

主要原因是没有按设计规定施工，小皮数杆上没有标示。因此，砌筑前要询问是否有埋入件，是否有预留的孔洞，并搞清楚位置和标高。砌筑过程要加强检查。

9. 基础防潮层失效

防潮层施工后出现开裂、起壳甚至脱落，以致不能有效地起到防潮作用，造成这种情况的原因是抹防潮层前没有做好基层清理；因碰撞而松动的砖没补砌好；砂浆搅拌不均匀或未做抹压；防水剂掺入量超过规定等。

防止办法是应将防潮层作为一项独立的工序来完成。基层必须清理干净和浇水温润，对于松动的砖，必须凿除灰缝砂浆，重新补砌牢固。防潮层砂浆收水后要抹压，如果以地圈梁代替防潮层，除了要加强振捣外，还应在混凝土收水后抹压。砂浆的拌制必须均匀。当掺加粉状防水剂时必须先调成糊状后加入，掺入量应准确，如用干料直接掺入，可能造成结团或防水剂漂浮在砂浆表面而影响砂浆的均匀性。

（四）质量标准和安全要求

1. 砖基础质量标准

（1）保证项目

1）砖的品种、强度等级必须符合设计要求，并应规格一致。

2）砂浆的品种必须符合设计要求，强度必须符合下列规定；

①同一验收批砂浆试块的平均抗压强度必须大于或等于设计强度。

②同一验收批砂浆试块的抗压强度的最小一组平均值必须大于或等于设计强度的75%。

③砌体砂浆必须密实饱满，实心砌体水平灰缝的砂浆饱满度

不小于80%。

④外墙的转角处严禁留直槎，其他的临时间断处，留槎的做法必须符合施工验收规范的规定。

（2）基本项目

1）砌体上下错缝；每间（处）3～5m的通缝不超过3处；混水墙中长度大于等于300mm的通缝每间不超过3处，且不得在同一墙面上。

2）砌体接槎处灰浆密实，缝、砖平直。水平灰缝厚度应为10mm，不小于8mm，也不应大于12mm。

3）预埋拉结筋的数量、长度均应符合设计要求和施工验收规范规定。

4）构造柱位置留置应正确，大马牙槎要先退后进，残留砂浆要清理干净。

（3）允许偏差项目

1）轴线位置偏移：用经纬仪或拉线检查，其偏差不得超过10mm。

2）基础顶面标高：用水准仪和尺量检查，其偏差不得超过±15mm。

3）预留构造柱的截面：允许偏差不得超过±15mm，用尺量检验。

4）表面平整度和水平灰缝平直度均应符合要求。

2. 毛石基础质量标准

（1）保证项目

1）石料的质量、规格必须符合设计要求和施工验收规范规定。

2）砂浆品种必须符合设计要求，强度要求同对基础的规定。

3）转角处必须同时砌筑，交接处不能同时砌筑时必须留斜槎，留槎高度以每次1m为宜，一次到顶的留槎是不允许的。

（2）基本项目

1）毛石砌体组砌形式应符合以下规定：

内外搭砌：上下错缝，拉结石、丁砌石交错设置，拉结石每 0.7m² 墙面不少于1块。

内外搭砌：上下错缝、拉结石、丁砌石交错设置，分布均匀；毛石分皮卧砌，无填心砌法，拉结石每 0.7m² 墙面不少于1块。

2）墙面勾缝应符合以下规定：

勾缝密实，粘结牢固，墙面清洁，缝条光洁，整齐清晰美观。

（3）允许偏差项目（用经纬仪，水准仪、拉线或尺量检查）

1）轴线位置偏移不超过20mm。

2）基础和墙砌体顶面标高不超过±25mm。

3）砌体厚度不超过+30mm或－10mm。

3. 安全注意事项

除了应遵守建筑工地常规安全要求外，还必须做到以下几点：

（1）对基槽、基坑的要求

基槽、基坑应视土质和开挖深度留设边坡，如因场地小，不能留设足够的边坡，则应支撑加固。基础摆底前还必须检查基槽或基坑，如有塌方危险或支撑不牢固，要采取可靠措施后再进行工作。工作过程中要随时观察周围土壤情况，发现裂缝和其他不正常情况时，应立即离开危险地点，采取必要措施后才能继续工作。基槽外侧1m以内严禁堆物。人进入基槽工作应有上下设施（踏步或梯子）。

（2）材料运输

搬运石料时，必须起落平稳，两人抬运应步调一致，不准随意乱堆。

向基槽内运送石料或砖块，应尽量采用滑槽，上下工作要相互联系，以免伤人或损坏墙基或土壁支撑。

当搭跳板（又称铺道）或搭设运输通道运送材料时，要随时观察基槽（坑）内操作人员，以防砖块等掉落伤人。

（3）取石

在石堆上取石，不准从下掏挖，必须自上而下进行，以防倒塌。

（4）基槽积水的排除

当基槽内有积水，需要边砌筑边排水时，要注意安全用电，水泵应用专用闸刀和触电保护器，并指派专人监护。

（5）雨雪天的要求

雨雪天应注意做好防滑工作，特别是上下基槽的设施和基槽上的跳板要钉好防滑条。

操作技能训练

1. 砖基础排砖摆底

按照一砖墙身六皮三收等高式大放脚台阶排砖方法，选择一块硬化的坪地，弹好中心线，每个学员进行 2m 长的砖基础排砖摆底操作训练。在训练过程中，要熟练掌握“退台压丁”的砌筑原则。

2. 砌筑条形基础大放脚

按照一砖墙身六皮四收间隔式大放脚的组砌方法，每个学员砌筑 2m 长的条形基础大放脚。要求学员能熟练掌握“退台压丁”的砌筑原则。操作者要求做到摆砖位置准确、灰缝均匀。

八、砖墙的砌筑

（一）砖墙砌筑的工艺顺序

准备工作→拌制砂浆→确定组砌方式→排砖撂底→砌筑墙身→砌筑窗台和拱、过梁→构造柱边的处理→梁底和板底砖的处理→楼层砌筑→封山和拔檐→清水墙勾缝。

（二）砖墙砌筑的操作要点

1. 准备工作

（1）施工准备

砖墙的构造比基础复杂一些，如增加了门窗洞口，预留预埋工作也增多了，所以更要很好地熟悉图纸。在熟悉图纸的基础上，检查已砌基础和复核轴线和开间尺寸，门窗洞口的放线位置，皮数杆的绘制情况，全部弄清以后才可以操作。

同时还要检查皮数杆的竖立情况，弄清皮数杆上的±0.000与测定点处的±0.000是否吻合，各皮数杆的±0.000标高是否在同一水平上。

要弄清墙体是清水墙还是混水墙，轴线是正中还是偏中，窗口是出平还是侧砖，门窗过梁是预制混凝土梁还是现浇梁，是拱还是钢筋砖过梁，有无后砌的隔断墙等。也要弄清房屋有几层，楼梯与砖墙是什么关系，有无圈梁及阳台挑梁等。

（2）材料准备

1）砖：检查了解砖的品种、规格、强度等级、外观尺寸，如果是砌清水墙还要观察的色泽是否一致。经检查符合要求以后即可浇水润砖。砖要提前 2d 浇透，以水渗入砖四周内 15mm 以上为好，此时砖的含水量约达到 10%～15%，砖洇湿后应晾半天，待表面略干后使用最好。如果碰到雨期，应检查进场砖的含水量，必要时应对砖堆作防雨遮盖。

2）砂子：检查它的细度和含泥量等。砂子符合要求后要过筛，筛孔直径以 6～8mm 为宜。雨期施工时，砂子应筛好并留出一定的储备量。

3）水泥：了解水泥的品种、强度等级、储备量等，同时要知道是袋装还是散装。袋装水泥应抽检每袋水泥的质量是否为 50kg，散装水泥应了解计量方法。

4）掺和料：了解是否使用粉煤灰等掺和料，其技术性能怎样。

5）石灰膏：了解其稠度和性能。

6）其他材料：了解木砖、拉结筋、预制过梁、预制壁龛、墙内加筋等是否进场。木砖是否涂好防腐剂，预制件规格尺寸和强度等级是否符合要求。如果是先立门窗框的，要了解门窗框的进场数量、规格等。

（3）操作准备

1）了解搅拌设备、运输设备、脚手架和运输道路的安放架设情况，计量器具的情况等。

2）检查防潮层是否完好，墨线是否清晰。

3）检查防潮层的水平度、皮数杆的第一皮砖是否符合砖层要求，有没有需要“压灰”或“提灰”和用细石混凝土找平的情况。

4）检查运输道路是否完好、畅通；室内填土是否完成，地沟盖板是否盖好，如有问题应该预先修筑和铺设好。布置道路时要考虑垂直运输设备（如井架等）的位置。

2. 拌制砂浆

拌制砂浆的办法见基础砌筑部分。

3. 确定组砌方式

（1）确定组砌形式：砖墙的组砌形式很多，可以是一顺一丁、梅花丁、三顺一丁等。一般选用一顺一丁组砌筑形式，如果砖的规格不太理想，则可以选用梅花丁式。

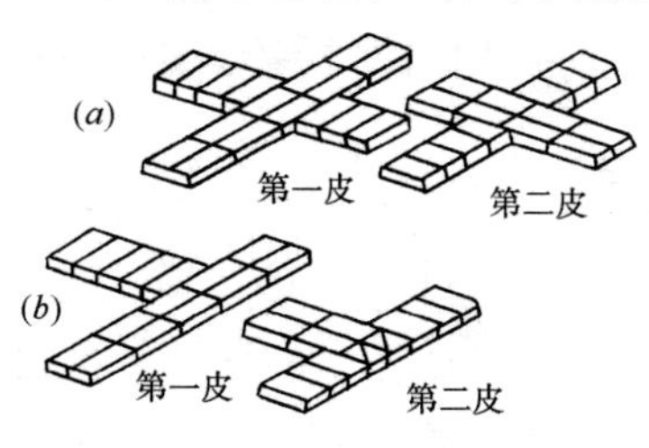

图 8-1　一砖墙的接头

（a）十字接；（b）丁字接头

（2）确定接头方式：组砌形式确定以后，接头形式也随之而定，采用一顺一丁形式组砌的砖墙的 S 接头形式如图 8-1～图 8-3 所示。

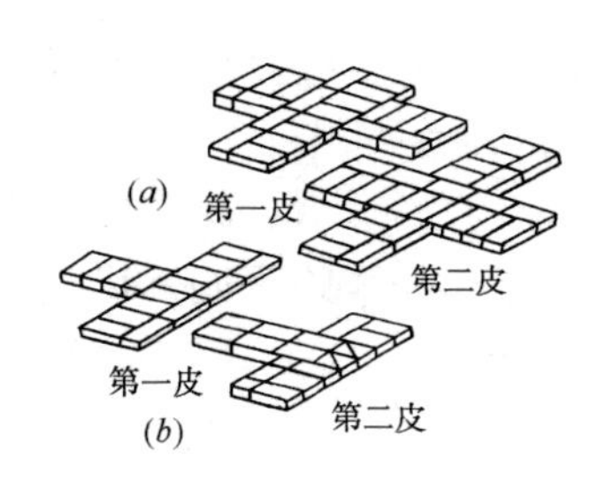

图 8-2　砖半墙的接头

（a）十字接；（b）丁字接头

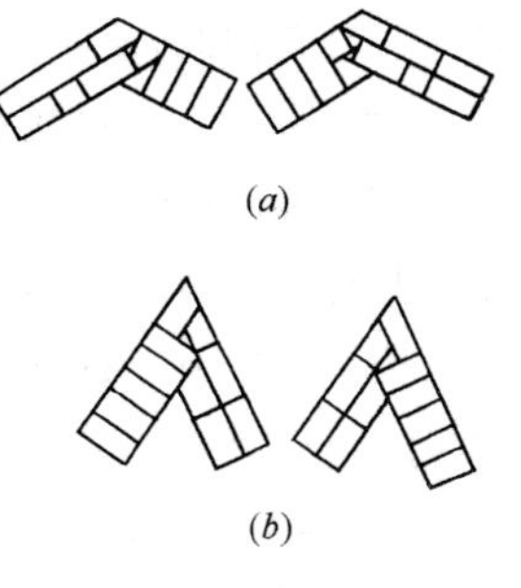

图 8-3　钝角和锐角接头

（a）十字接；（b）丁字接头

4. 排砖撂底

防潮层上的墨线弄清以后，要通盘的干排砖。排砖要根据“山丁檐跑”的原则进行，不仅要像基础排砖一样，把墙的转角、交接处排好，达到接槎合理、操作方便的目的、对于门口和窗口（窗口位置应在防潮层上用粉线弹线以便预排，对于清水墙尤其要这样做），还要排成砖的模数，如果排下来不合适，可以对门窗口位置调整 1～2cm，以达到砖活好看的目的。对于清水墙，更要注意不能排成“阴阳把”（即门窗口两侧不对称）。

防潮层的上表面应该水平，但与皮数杆上的皮数是否吻合，就可能有问题，所以也要通过撂底找正标高，如果水平灰缝太厚，一次找不到标高，可以分次分皮逐步找到标高，争取在窗台甚至窗上口达到皮数杆规定标高，但四周的水平缝必须在同一水平线上。

5. 墙身的砌筑

（1）墙身砌筑的原则

1）角砖要平、绷线要紧：盘好角是砌好墙的保证，盘角时应该重视一个“直”字，砌好角才能挂好线，而线挂好绷紧了才能砌好墙。

2）上灰要准、铺灰要活：底、角、线都达到了要求，也不一定就砌好了墙，墙能否砌好，要看每一块砖能否摆平，而砖能否摆平与灰是否铺好有很大的关系。

3）上跟线，下跟棱：跟棱附线是砌平一块砖的关键，不然砖就摆不平，墙会走形或砌成台阶式。

4）皮数杆立正立直：楼房的层高有高有低，高的可达 4～5m，由于皮数杆固定的方法不佳或者木料本身弯曲变形，往往使皮数杆倾斜，这样，砌出来的砖墙就会不正确，因此，砌筑时要随时注意皮数杆的垂直度。

（2）盘角和挂线

应由技术较好的技工盘角，每次盘角的高度不要超过 5 皮砖，然后用线锤作吊直检查。盘角时必须对照皮数杆，特别要控制好砖层上口高度，不要与皮数杆相应皮数高差太多，一般经验做法是比皮数杆标定皮数低 5～10mm 为宜。5 皮砖盘好后两端要拉通线检查，先检查砖墙槎口是否有抬头和低头的现象，再与相对盘角的操作者核对砖的皮数，千万不能出现错层。

砌筑砖墙必须拉通线，砌一砖半以上的墙必须双面挂线。砖瓦工砌墙时主要依靠准线来掌握墙体的平直度，所以挂线工作十分重要，外墙大角挂线的办法是用线拴上半截砖头，挂在大角的砖缝里，然后用别线棍把线别住，别线棍的直径约为 1mm，放在离开大角 2～4cm 处。砌筑内墙时，一般采用先拴立线，再将准线挂在立线上的办法砌筑，这样可以避免因槎口砖偏斜带来的误差。当墙面比较长，挂线长度超过 20m，线就会因自重而下垂，这时要在墙身的中间砌上一块挑出 3～4cm 的腰线砖，托住准线，然后从一端穿看平直，再用砖将线压住，大角挂线的方式如图 8-4 所示，挑线的办法如图 8-5 所示，内墙挂线的办法如图 8-6 所示。

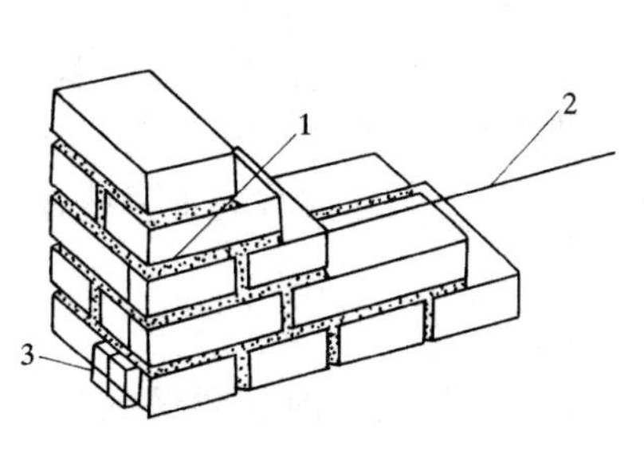

图 8-4 大角的挂线

1—别线棍；2—挂线；3—简易挂线锤

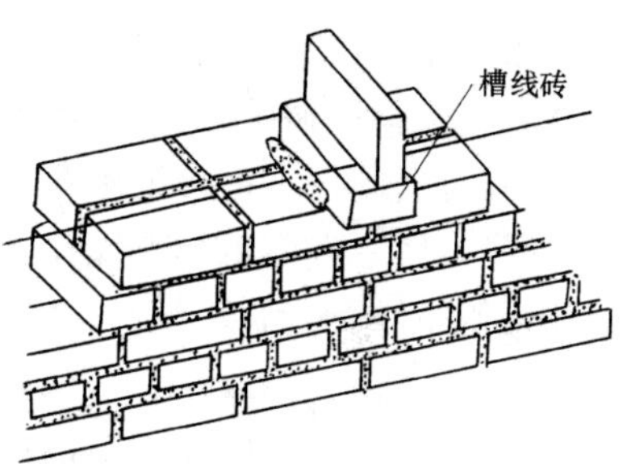

图 8-5 挑线

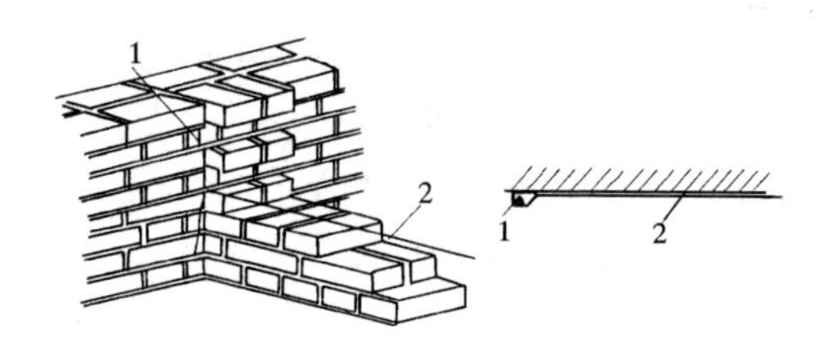

图 8-6 内墙挂准线的方法

1—立线；2—准线

（3）外墙大角的砌法

外墙大角就是砖墙在外墙的拐角处，由于房屋的形状不同，可有钝角、锐角和直角之分，本处仅介绍直角形式的大角砌法。

大角处的 1m 范围内，要挑选方正和规格较好的砖砌筑，砌清水墙时尤其要如此。在角处用的“七分头”一定要棱角方正、打制尺寸正确，一般先打好一批备用，拣其中打制尺寸较差的用于次要部分。开始时先砌 3～5 皮砖，用方尺检查其方正度，用线锤检查其垂直度，当大角砌到 1m 左右高时，应使用托线板认真检查大角的垂直度，再继续往上砌时，操作者要用眼“穿”看已砌好的角，根据三点共线的原理来掌握垂直度，另外，还要不断用托线板检查垂直度。砌墙时砖块一定要摆平整，否则容易出现垂直偏差。砌房屋大角的人员应相对固定，避免因操作者手艺手法的不同而造成大角垂直度不稳定的现象，砌墙砌到翻架子（由下一层脚手翻到上一层脚手砌筑）时，特别容易出现偏差，那是因为人蹲在脚手板上砌筑，砖层低于人的脚底，一方面人容易疲劳，另一方面也影响操作者视力的穿透，这时候要加强检查工作，随时纠正偏差。

图 8-7　先立樘子木砖放法

（4）门窗洞处的砌法

门口是在一开始砌墙时就要遇到的，如果是先立门框的，砌砖时要离开门框边 3mm 左右，不能顶死，以免门框受挤压而变形。同时要经常检查门框的位置和垂直度，随时纠正，门框与砖墙用燕尾木砖拉结，如图 8-7 所示。如后立门框的或者叫嵌樘子的，应按墨斗线砌筑（一般所弹的墨斗线比门框外包宽 2cm），并根据门框高度安放木砖，第一次的木砖应放在第三或第四皮砖上，第二次的木砖应放在 1m 左右的高度，因为这个高度一般是安装门锁的高度，如果是 2m 高的门口，第三次木砖就放在从上往下数第三、四皮砖上。如果是 2m 以上带腰头的门，第三次木砖就放在 2m 左右高度，即中冒头以下，在门上口以下三、四皮还要放第四次木砖。金属门框不放木砖，另用铁件和射钉固定。窗框侧的墙同样处理，一般无腰头的窗放两次木砖，上下各离 2～3 皮砖，有腰头的窗要放三次，即除了上下各一次以外中间还要放一次，这里所说的“次”是指每次在每一个窗口左右各放一块的意思。嵌樘子的木砖放法如图 8-8 所示，应注意使用的木砖必须经过防腐处理。

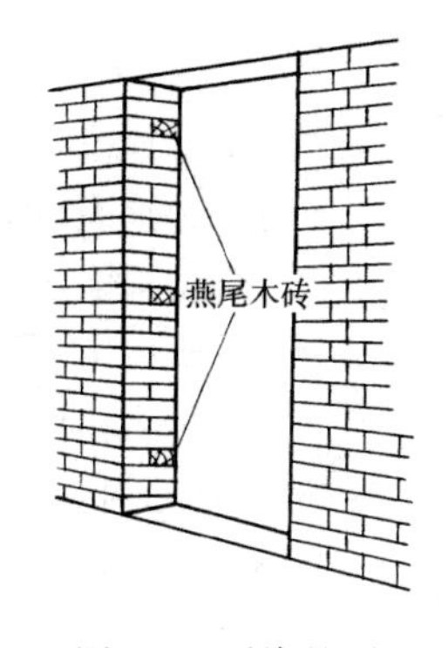

图 8-8 后嵌樘子木砖放法

（5）垃圾道、排风道、排烟道的砌筑

建筑物中，经常有这类砖砌井道，不仅要外面砌直，对于内壁也有一定要求。这类井道通常较小，砌筑成后一般人无法再进入，故在砌筑过程中，就将内壁逐段抹灰，即随砌随抹。

（6）构配件的安放

构件是指过梁、搁板等。门窗洞口安放预制过梁时，应取样棒从墙根处测定的水平线往上量好尺寸，然后铺坐灰砂浆，安放过梁。内墙砌筑时更要注意量好安放过梁的标高，因为内墙可能有皮数杆覆盖不到的地方，容易出偏差。

住宅建筑中有较多的配件，如吊柜、壁龛等，有些是组装的，有些是用小板现场拼装的，这些搁板、壁龛等的安装，除了要按皮数杆的指示外，还应按水平线标高，认真量测其高度，并且要用水平尺检查安装的水平度。当构配件安装高度不是砖层的整倍数时，应使用细石混凝土垫至设计标高。

6. 砖筑窗台和拱碳、过梁

（1）窗台的砌筑：砖墙砌到 1m 左右就要分窗口，在砌窗间墙之前一般要砌窗台，窗台有出平砖（出 6cm 厚平砖）和出虎头砖（出 12cm 高侧砖）两种。出平砖的做法是在窗台标高下一皮时两端操作者先砌 2～3 块挑砖，将准线移到挑砖口上，中间的操作者依据准线砌挑砖。砌挑砖时，挑出部分的砖头上要用披灰法打上竖缝，砌通窗台时，也采用同样办法。因为窗台挑砖由于上部是空口容易使砖的碰掉，成品保护比较困难，因此可以采取只砌窗间墙下压住的挑砖，窗口处的挑砖可以等到抹灰以前再砌。出虎头砖的办法与此相仿，只是虎头砖一般是清水，要注意选砖。竖缝要披足嵌严，并且要向外出 2cm 的泛水，如图 8-9 所示。

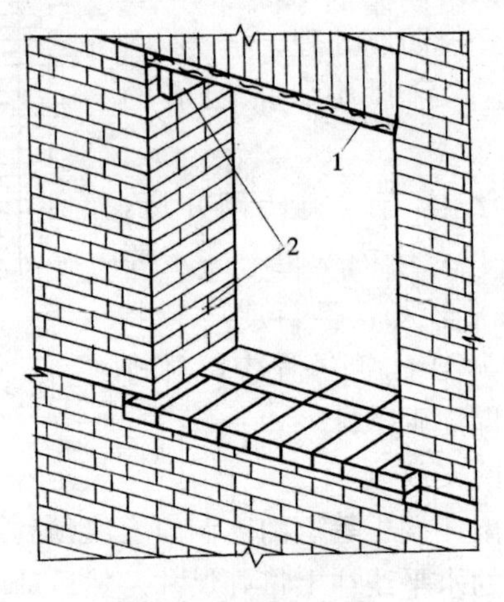

图 8-9　窗台的砌法

1—碳胎板；2—木砖

（2）窗间墙的砌筑：窗台砌完后，拉通准线砌窗间墙。窗间墙部分一般是一人独立操作，操作时要求跟通线进行，并要与相邻操作者常通气。砌第一皮砖时要防止窗口砌成阴阳膀（窗口两边不一致，窗间墙两端用砖不一致），往上砌时，位于皮数杆处的操作者，要经常提醒大家皮数杆上标志的预留预埋等要求。

（3）拱碳的砌筑方法

1）平碳的砌筑方法：门窗口上跨度小、荷载轻时，可以采用平碳做门窗过梁，一般做法是当砌到口的上平时，在口的两边墙上留出 2～3cm 的错台，俗称碳肩，然后砌筑碳的两侧墙，称碳膀子。除清水立碳外，其他碳膀子要砍成坡度，一般一砖碳上端要斜进去 3～4cm，一砖半碳上端要斜进去 5～6cm。膀子砌筑够高度后，门窗口处支上碳胎板，碳胎板的宽度应该与墙厚相等。胎模支好后，先在板上铺一层湿砂，使中间厚 20mm、两端厚 5mm，作为碳的起拱。碳的砖数必须为单数，跨中一块，其左右对称。要先排好块数和立缝宽度，用红铅笔在碳胎板上画线，才不会砌错。发碹时应从两侧间时往中间砌发碹的砖应用披灰法打好灰缝，不过要留出砖的中间部分不披灰，留待砌完碹后灌浆。最后发碹的中间的一块砖要两面打灰往下挤塞，俗称锁砖。发碹时要掌握好灰缝的厚度，上口灰缝不得超过15mm，下口灰缝不得小于5mm。发碹灰缝要饱满，要把砖挤紧，自身要同墙面平整，发碹的方法如图8-10所示。平碹随其组砌方法的不同而分为立砖碹、斜形碹和插入碹三种，如图8-11所示。

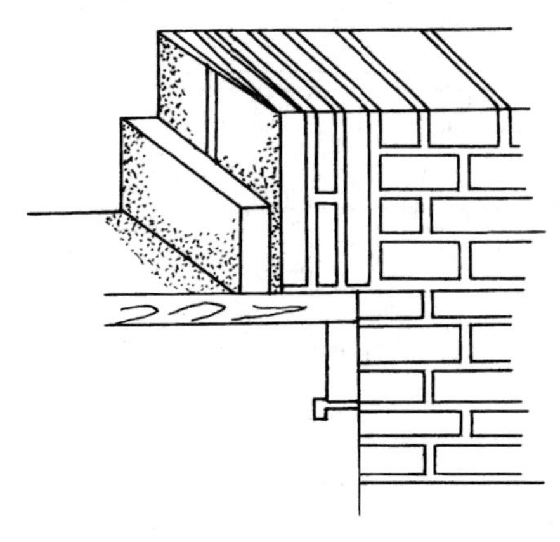

图8-10 发平碹的方法

2）弧形碹的砌筑方法：弧形碹的砌筑方法与平碹基本相同，当碹两侧的砖墙砌到碹脚标高后，支上胎模，然后砌碹膀子（拱座），拱座的坡度线应与胎模垂直。碹膀子砌完后开始在胎模上发碹，碹的砖数也必须为单数，由两端向中间发，立缝与胎模面要保持垂直。大跨度的弧形碹厚度常在一砖以上砌法，就是发完第一层碹后灌好浆，然后砌一层伏砖（平砌砖），再砌上面一层碹，伏砖上下的立缝可以错开，这样可以使整个碹的上下边灰缝厚度相差不太多，弧形砖的做法如图8-12所示。

（4）平砌式钢筋砖过梁：平砌式钢筋砖过梁一般用于1～2m宽的门窗洞口，具体要求由设计规定，并要求上面没有集中荷载，它的一般做法是：当墙砌到门窗洞口的顶边后（根据皮数杆

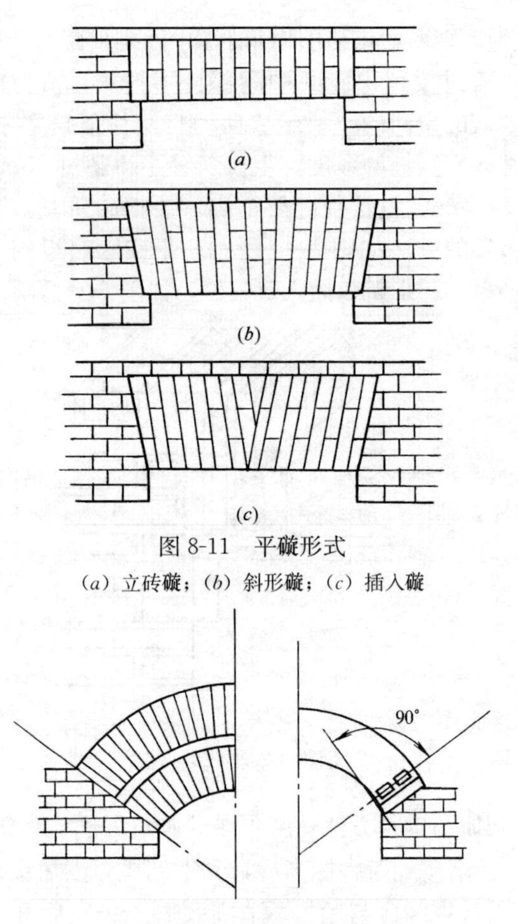

图 8-11　平碹形式

（*a*）立砖碹；（*b*）斜形碹；（*c*）插入碹

图 8-12　弧碹的做法

决定）就可支上过梁底模板，然后将板面浇水湿润，抹上 3cm 厚 1∶3 水泥砂浆。按图纸要求把加工好的钢筋放入砂浆内，两端伸入支座砌体内不少于 24cm。钢筋两端应弯成 90°的弯钩，安放钢筋时弯钩应该朝上，钩在竖缝中。过梁段的砂浆至少比墙体的砂浆高一个强度等级，或者按设计要求。砖过梁的砌筑高度应该是跨度的 1/4，但至少不得小于 7 皮砖。砌第一皮砖时应该砌丁砖，并且两端的第一块砖应紧贴钢筋弯钩，使钢筋达到钩牢的效果，平砌式钢筋砖过梁的做法如图 8-13 所示。

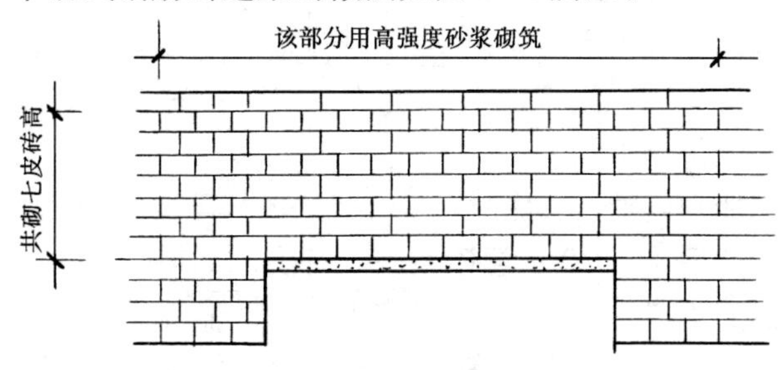

图 8-13　平砌式钢筋砖过梁

7. 构造柱边的处理

因抗震的要求，目前砖混结构的建筑均在墙体内设置构造柱。一般情况是先砌墙，留出柱子的空当，然后绑扎钢筋，支模浇筑的混凝土，使砖墙和混凝土形成整体。构造柱与墙同厚。留空当时，要根据设计位弹出墨线，砖墙与柱连接处砌成大马牙槎，每个马牙槎沿高度方向不宜超过 5 皮砖，砖墙与构造柱之间沿高度方向每 500mm 设置 2ϕ6 水平拉结筋，每边伸入墙内不少于 1m。马牙槎的砌筑应注意要“先退后进”，即起步时应后退 1/4 砖，5 皮砖后砌至柱宽位置，而且要对称砌筑，做法如图 8-14 所示。

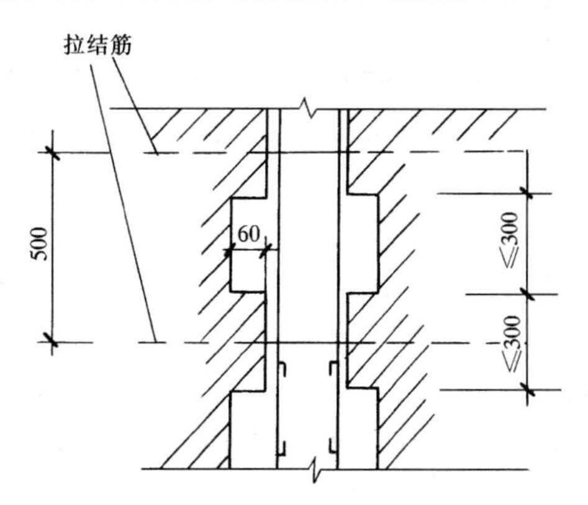

图 8-14　构造柱处大马牙槎留设

8. 梁底和板底砖的处理

砖墙砌到楼板底时应砌成丁砖层，如果楼板是现浇的，并直接支承在砖墙上，则应砌低一皮砖，使楼板的支承处混凝土加厚，支承点得到加强。

填充墙砌到框架梁底时，墙与梁底的缝隙要用铁楔子或木楔子打紧，然后用1∶2水泥砂浆嵌填密实。如果是混水墙，可以用与平面交角成45°～60°的斜砌砖顶紧（俗称走马撑或鹅毛皮）。假如填充墙是外墙，应等砌体沉降结束，砂浆达到强度后再用楔子打紧，然后用1∶2水泥砂浆嵌填密实，因为这一部分是薄弱点，是容易造成外墙渗漏，施工时要特别注意。梁板底的处理如图8-15所示。

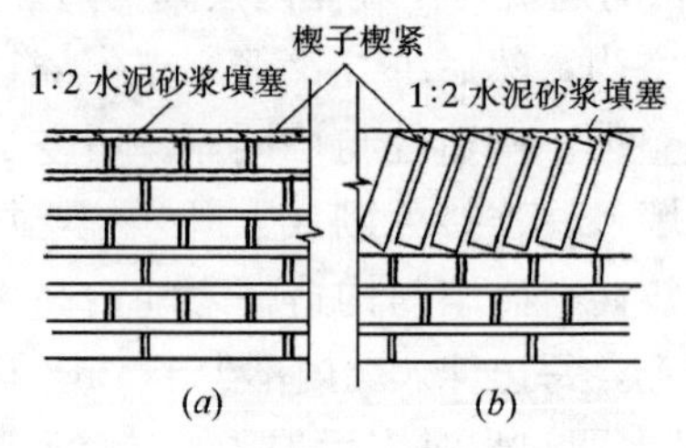

图8-15　填充墙与框架梁底的砌法
（a）清水墙；（b）混水墙

9. 楼层砌筑

在楼层砌砖，就要考虑到现浇混凝土的养护期、多孔板的灌缝、找平整浇层的施工等多种因素。砌砖之前要检查皮数杆是否是由下层标高引测的，皮数杆的绘制方法是否与下层吻合。对于内墙，应检查所弹的墨斗线是否同下层墙重合，避免墙身位移，影响受力性能和管道安装，还要检查内墙皮数杆的杆底标高，有时因为楼板本身的误差和安装误差，可能出现第一皮砖砌不下或者灰缝太大，这时要用细石混凝土垫平。厕所、卫生间等容易积水的房间，要注意图纸上该类房间地面比其他房间低的情况，砌墙时应考虑标高上的高差。

楼层外墙上的门、窗、挑出件等应与底层或下层门、窗挑出件等在同一垂直线上。分口线应用线锤从下面吊挂上来。

楼层砌砖时，特别要注意砖的堆放不能太多，不准超过允许的荷载。如造成房屋楼板超荷，有时会引起重大事故。

10. 封山和拔檐

（1）封山：坡屋顶的山墙，在砌到檐口标高处就要往上收山尖，砌山尖时，把山尖皮数杆（或称样棒）钉在山墙中心线上，在皮数杆上的屋脊标高处钉上一个钉子，然后向前后檐挂斜线，按皮数杆的皮数和斜线的标志以退踏步槎的形式向上砌筑，这时，皮数杆在中间，两坡只有斜线，其灰缝的厚度完全靠操作者技术水平自己掌握，可以用砌 3～5 皮砖量一下高度的办法来控制。山尖砌好以后就可以安放檩条。

檩条安放固定好后，即可封山。封山有两种形式，一种是砌平面的，叫作平封山；另一种是把山墙砌得高出屋面，类似风火山墙的形式，叫作高封山。

平封山的砌法是按已放好的檩条上皮拉线砌，或按屋面钉好的望板找平砌，封山顶坡的砖要砍成楔形砌成斜坡，然后抹灰找平，等待盖瓦。

高封山的砌法是根据图纸要求，在脊檩端头钉一小挂线杆，自高封山顶部标高往前后檐拉线，线的坡度应与屋面坡度一致，作为砌高封山的标准。在封山内侧 20cm 高处挑出 6cm 的平砖作为滴水檐。高封山砌完后，在墙顶上砌 1～2 层压顶出檐砖，高封山在外观上屋脊处和檐口处高出屋面应该一致，要做到这一点必须要把斜线挂好。收山尖和高封山的形式分别如图 8-16 和图 8-17 所示。

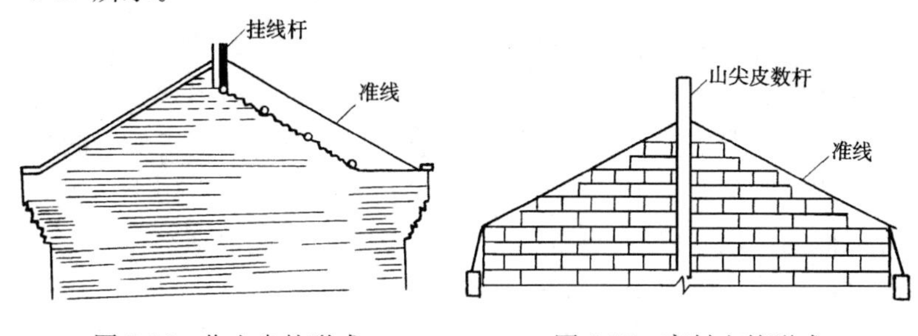

图 8-16　收山尖的形式　　图 8-17　高封山的形式

（2）封檐和拔檐：在坡屋顶的檐口部分，前后檐墙砌到檐口底时，先挑出 2～3 皮砖以顶到屋面板，此道工序被称为封檐。封檐前应检查墙身高度是否符合要求，前后两坡及左右两边是否在同一水平线上。砌筑前先在封檐两端挑出 1～2 块砖，再顺着砖的下口拉线穿平，清水墙封檐的灰缝错开，砌挑檐砖时，头缝应披灰，同时外口应略高于里口。

在檐墙做封檐时，两山墙也要做好挑檐，挑檐的砖要选用边角整齐，如为清水墙，还要选择色泽一致的砖。山墙挑檐也叫拔檐，一般挑出的层数较多，要求把砖洇透水，砌筑时灰缝严密，特别是挑层中竖向灰缝必须饱满，砌筑时宜由外往里水平靠向已砌好的砖，将竖缝挤紧，放砖动作要快，砖放平后不宜再动，然后再砌一块砖把它压住。当出檐或拔檐较大时，不宜一次完成，以免质量过大，造成水平缝变形而倒塌。拔檐（挑檐）的做法如图 8-18所示。

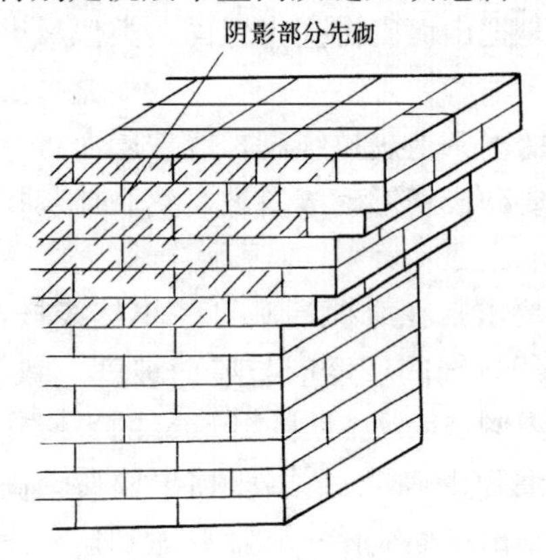

图 8-18　拔檐（挑檐）做法

11. 清水墙勾缝

（1）清水墙的一般要求：清水墙就是外面不粉刷，只将灰缝勾抹严实，砖面直接暴露在外的砖墙。除了工业建筑、简易仓房的内墙做成清水墙外，一般均适用于外墙。清水墙砌筑时要求选用规格正确、色泽一致的砖，必要时要进行挑选。在砌筑过程中，要严格控制水平灰缝的平直度，更要认真注意头缝的竖向一致，避免游丁走缝，砌筑完毕要及时抠缝，可以用小钢皮或竹棍抠划，也可以用金钢丝刷剔刷，抠缝深度应根据勾缝形式来确定，一般深度为 1cm 左右。

（2）勾缝的形式：勾缝的形式一般有五种，如图 8-19 所示。

1）平缝：操作简便，勾成的墙面平整，不易剥落和积圬，防雨水的渗透作用较好，但墙面较为单调。平缝一般采用深浅两

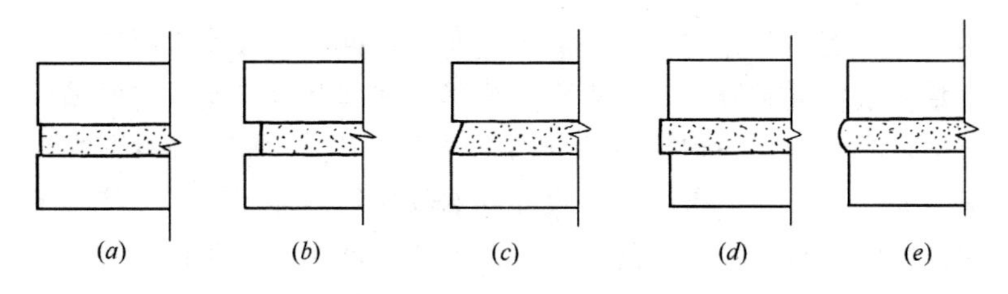

图 8-19　勾缝的形式

（a）平缝；（b）凹缝；（c）斜缝；（d）矩形凸缝；（e）半圆形凸缝

种做法，深的约凹进墙面 3～5mm，多用于外墙面，浅的与墙面平，多用于车间、仓库等内墙面。

2）凹缝：凹缝是将灰缝凹进墙面 5～8mm 的一种形式。凹面可做成矩形，也可略呈半圆形。勾凹缝的墙面有立体感，但容易导致雨水渗漏，而且耗工量大，一般宜用于气候干燥地区。

3）斜缝：斜缝是把灰缝的上口压进墙面 3～4mm，下口与墙面平，使其成为斜面向上的缝。斜缝泄水方便，适用于外墙面和烟囱。

4）凸缝：凸缝是在灰缝面做成一个矩形或半圆形的凸线，凸出墙面约 5mm 左右。凸缝墙面线条明显、清晰，外观美丽，但操作比较费事。

（3）勾缝前的准备：勾缝一般使用稠度为 4～5cm 的 1∶1 水泥砂浆，水泥采用 325 号水泥，砂子要经过 3mm 筛孔的筛子过筛。因砂浆用量不多，一般采用人工拌制。

勾缝以前应先将脚手眼清理干净并洒水湿润，再用与原墙相同的砖补砌严密，同时要把门窗框周围的缝隙用 1∶3 水泥砂浆堵严嵌实，深浅要一致，并要把碰掉的外窗台等补砌好。以上工作做完以后，要对灰缝进行整理，对偏斜的灰缝用扁钢凿剔凿，缺损处用 1∶2 水泥砂浆加氧化铁红调成与墙面相似的颜色修补（俗称做假砖），对于抠挖不深的灰缝要用钢凿剔深，最后将墙面粘结的泥浆、砂浆、杂物等清除干净。

（4）勾缝的操作：勾缝前 1d 应将墙面浇水洇透，勾缝的顺序是从上而下，先勾横缝，后勾竖缝。勾横缝的操作方法是，左手拿托灰板紧靠墙面，右手拿长溜子，将托灰板顶在要勾的缝口下边，右手用溜子将灰喂入缝内，同时自右向左随勾随移动托灰板。勾完一段后，再用溜子自左向右在砖缝内溜压密实，使其平整，深浅一致。勾竖缝的操作方法是用短溜子在托灰板上把灰浆刮起（俗称必刁灰），然后勾入缝中，使其塞压紧密、平整，勾缝的操作手法如图 8-20 所示。

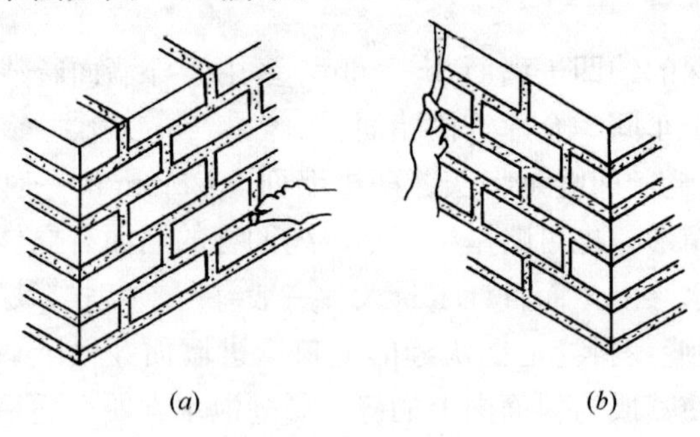

图 8-20 勾缝的操作手法
（*a*）勾横缝；（*b*）勾竖缝

勾好的横缝与竖缝要深浅一致，交圈对口，一段墙勾完以后要用扫帚把墙面扫干净，勾完的灰缝不应有搭槎、毛疵、舌头灰等毛病，墙面的阳角处水平缝转角要方正，阴角的竖缝要勾成弓形缝，左右分明，不要从上至下勾成一条直线，影响美观。拱碹的缝要勾立面和底面，虎头砖要勾三面，转角处要勾方正，灰缝面要颜色一致、粘结牢固、压实抹光、无开裂，砖墙面要洁净。

（三）蒸压加气混凝土砌块的砌筑

蒸压加气混凝土砌块适用于各类建筑地面（±0.000）以上的内外填充墙和地面以下的内填充墙（有特殊要求的墙体除外）。

蒸压加气混凝土砌块不应直接砌筑在楼面、地面上。对于厕浴间、露台、外阳台以及设置在外墙面的空调机承托板与砌体接

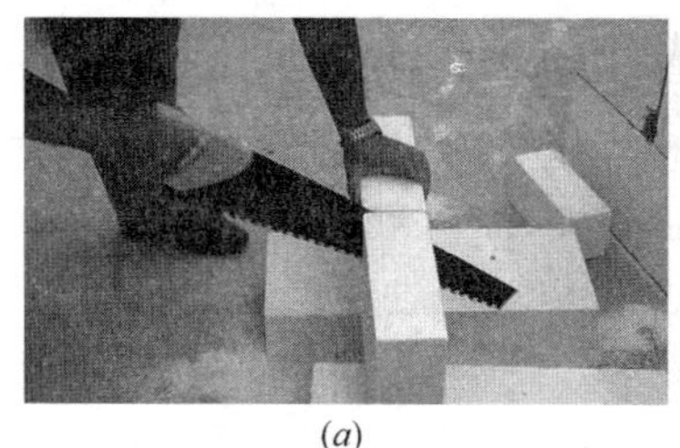

(a)

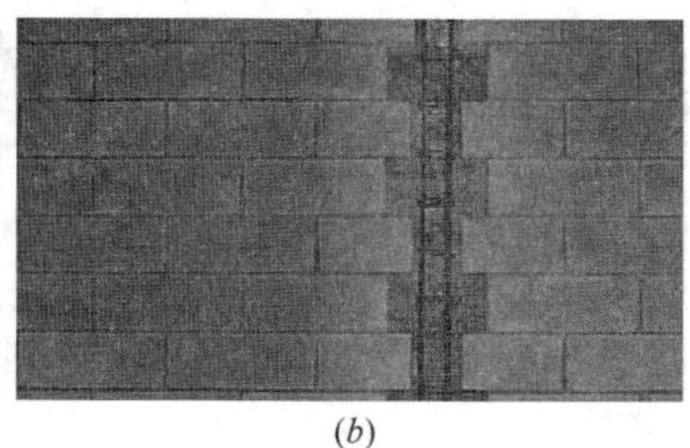

(b)

图 8-21　构造柱马牙槎

触部位等经常受干湿交替作用的墙体根部，宜浇筑宽度同墙厚、高度不小于 0.2m 的 C20 素混凝土墙垫；对于其他墙体，宜用蒸压灰砂砖在其根部砌筑高度不小于 0.2m 的墙垫。

蒸压加气混凝土砌块主要用于建筑物的外填充墙和非承重内隔墙（图 8-21），也可与其他材料组合成为具有保温隔热功能的复合墙体，但不宜用于最外层。

使用蒸压加气混凝土砌块时需注意以下事项：

1. 设计施工详见国家建筑标准设计图集《蒸压加气混凝土砌块建筑构造》03J104。外墙转角及内、外墙交接处应咬砌，并在沿墙高 1m 左右的灰缝内配制钢筋或网片，每边深入墙内 1m，山墙沿墙高 1m 左右的灰缝内另加通长钢筋。

2. 后砌的非承重墙、填充墙或隔墙与外承重墙相交处，应沿墙高 900～1000mm 处用钢筋与外墙拉接，且每边深入墙内的长度不得小于 700mm。

3. 蒸压加气混凝土外墙墙面的突出部分，如线脚、出檐、窗台等，应做泛水和滴水，避免流入墙中的水经多次冻融循环后，破坏外墙面。

4. 在砌块墙底、墙顶、门窗洞口处，应局部采用烧结普通砖或多孔砖砌筑，其高度不宜小于 200mm。

5. 不同干密度和强度等级的加气混凝土砌块不应混砌，也不得与其他砖和砌块混砌。

6. 砌筑砂浆应采用粘结性能良好的专用砂浆；加气混凝土

的抹面也应采用专用的抹面材料或聚丙烯纤维抹面抗裂砂浆。

7. 蒸压加气混凝土砌块不得使用在下列部位：

1）建筑物±0.000以下（地下室的室内填充墙除外）部位。

2）长期浸水或经常干湿交替的部位。

3）受化学侵蚀的环境，如强酸、强碱或高浓度二氧化碳等的环境。

4）砌体表面经常处于80℃以上的高温环境。

5）屋面女儿墙。

（四）应预控的质量问题

1. 防止清水墙大角游丁走缝

清水墙大角游丁走缝主要表现为丁砖竖缝不顺直、宽窄不匀、局部出现丁不压中现象。出现这种质量问题的主要原因有：砖的规格不好，有长度超长或缩短以及宽度超宽或偏窄的现象，在丁顺互换中产生偏差；还有七分头没有打好，有忽长忽短现象。

2. 清水墙大角与砖墙在接槎处不平正

产生这类质量问题的主要原因有：清水墙大角不正，砌头几皮砖没有用兜方尺兜方，或在上部留槎处没有作吊线检查，再有盘砌大角时斜槎砌放过长。

3. 清水方柱砖上口不平

清水方柱砖上口不平主要表现为四边砖口水平不一，有倾斜或水平灰缝超厚现象。这种现象大多出现在断面较大的方柱。盘砌时没有按规定对方柱的砖上口水平检查，头几皮砖偏差没有及时修正，一旦发现再纠正就会出现大灰缝。或因两人同砌一方柱，手法不同，产生两手法相交处水平缝不平直。

4. 多角形墙转角处内墙出现通缝

多角形墙的转角，摆砖难度较大，稍有不当转角就会出现通缝。要防止转角墙出现通缝，操作时不能只摆一皮砖，最好摆

3～4皮干砖，直到上下皮砖错缝搭缝摆通为止，应掌握好内外墙错缝搭接均符合要求。对异形砖要专人加工，使其规格一致。

5. 弧形墙外墙面竖向灰缝偏大的预防措施

产生弧形墙竖向灰缝偏大的主要原因是弧形墙弧度偏小，砖墙摆砌方法不当，或在弧度急转的地方没有事先加工楔形砖，砌筑时用瓦刀劈砖不准等。

防止弧形墙外墙面竖向灰缝偏大的预防措施有：根据弧度的大小选择排砖组砌方法，对于弧度较小的采用丁砌法。不管采用哪种方法，均应在干摆砖时安排好弧形墙的内外皮砖的竖向灰缝，使其满足规范要求，干摆砖应至少摆 2 皮砖以上。弧度急转处，应加工相适应的楔形砖砌筑。

6. 应注意预控的花饰墙花格摆砌不匀称、不方正的措施

花饰墙花格摆砌不匀称、不方正的主要原因有：花饰墙材料尺寸误差较大，规格不方正。或一次砌筑过高，以至砂浆强度不够，造成下部承重变形。

7. “螺丝墙”

“螺丝墙”又叫错层，就是砌完一个层高的墙体时，同一层标高差一皮砖的厚度，不能交圈。这是由于砌筑时没有跟上皮数护层数的缘故，由于楼层标高偏差较大，皮数杆往往不能与砖层吻合，需要在砌筑中用灰缝厚薄逐步调整。如果同砌一层砖时，误将负偏差当成正偏差，把提灰当成压灰，砌筑的结果，就差了一层砖。

8. 墙面凸凹不平水平灰缝不直

原因是砖不规则，准线不紧，砖过分潮湿，出现游墙，脚手架层面处操作不便等因素。

（五）质量标准和安全要求

1. 主控项目

（1）砖和砂浆的强度等级必须符合设计要求。

抽检数量：每一生产厂家的砖到现场后，按烧结砖15万块，多孔砖5万块，灰砂砖及粉煤灰砖10万块一验收批，抽检数量为一组。砂浆试块的抽检数量同砖基础。

检验方法：查砖和砂浆试块试验报告。

（2）砌体水平灰缝的砂浆饱满度不得小于80%。

（3）砖砌体的转角处和交接处应同时砌筑，严禁无可靠措施的内外墙分砌施工。对不能同时砌筑而又必须留置的临时间断处应砌成斜槎，斜槎投影长度不应小于高度的2/3。

（4）非抗震设防及抗震设防烈度为6度、7度地区的临时间断处，当不能留斜槎时，除转角处外，可留直槎，但直槎必须做成凸槎。留直槎处应加设拉结钢筋，拉结钢筋的数量为每120mm墙厚放置1ϕ6拉结钢筋（120mm厚墙放置2ϕ6拉结钢筋），间距沿墙高不应超过500mm；埋入长度从留槎处算起每边均不应小于500mm，对抗震设防烈度6度、7度的地区不应小于1000mm；末端应有90°弯钩。

（5）砖砌体的位置及垂直度允许偏差符合表8-1的规定。

砖砌体的位置及垂直度允许偏差　　表8-1

<table>
<tr><th>项次</th><th colspan="3">项　目</th><th>允许偏差（mm）</th><th>检　验　方　法</th></tr>
<tr><td>1</td><td colspan="3">轴线位置偏移</td><td>10</td><td>用经纬仪和尺检查或用其他测量仪器检查</td></tr>
<tr><td rowspan="3">2</td><td rowspan="3">垂直度</td><td colspan="2">每层</td><td>5</td><td>用2m托线板检查</td></tr>
<tr><td rowspan="2">全高</td><td>≤10m</td><td>10</td><td rowspan="2">用经纬仪，吊线和尺检查或用其他测量仪器检查</td></tr>
<tr><td>>10m</td><td>20</td></tr>
</table>

2. 一般项目

（1）砖砌体组砌方法应正确，上、下错缝，内外搭砌，砖柱不得采用包心砌法。

（2）砖砌体的灰缝应横平竖直、厚薄均匀。水平灰缝厚度宜为10mm，但不应小于8mm，也不应大于12mm。

（3）砖砌体的一般尺寸允许偏差应符合表 8-2 的规定。

砖砌体一般尺寸允许偏差 **表 8-2**

项次	项目		允许偏差（mm）	检验方法	检验数量
1	基础顶面和楼面标高		±15	用水平仪和尺检查	不应少于 5 处
2	表面平整度	清水墙、柱	5	用 2m 靠尺和楔形塞尺检查	有代表性自然间 10%，但不应少于 3 间，每间不应少于 2 处
		混水墙、柱	8		
3	门窗洞口高、宽（后塞口）		±5	用尺检查	检查批洞口的 10%，且不应少于 5 处
4	外墙上下窗口偏移		20	以底层窗口为准，用经纬仪或吊线检查	检验批的 10%，且不应少于 5 处
5	水平灰缝平直变	清水墙	7	拉 10m 线和尺检查	有代表性自然间 10%，但不应少于 3 间，每间不应少于 2 处
		混水墙	10		
6	清水墙游丁走缝		20	吊线和尺检查、以每层第一皮砖为准	有代表性自然间 10%，但不应少于 3 间，每间不应少于 2 处

3. 安全注意事项

（1）检查脚手架：砖瓦工上班前要检查脚手架的绑扎是否符合要求，对于钢管脚手架，要检查其扣件是否松动。雨雪天或大雨以后要检查脚手架是否下沉，还要检查有无空头板和叠头板。若发现上述问题，要立即通知有关人员给予纠正。

（2）正确使用脚手架：无论是单排或双排脚手架，其承载能力都是 3.0kPa，一般在脚手架上堆砖不得超过三码，操作人员不能在脚手架上嬉戏及多人集中一起。不得坐在脚手架的栏杆上休息，发现有脚手架板损坏要及时更换。

（3）严禁站在墙上工作或行走，工作完毕应将墙上和脚手架上多余的材料、工具清理干净。在脚手架砍凿砖块时，应面对墙面，把砍下的砖块碎屑随时填入墙内利用，或集中在容器内运走。

（4）门窗的支撑及拉结杆应固定在楼面上，不得拉在脚手架上。

（5）山墙砌到顶以后，悬臂高度较高，应及时安装檩条。如不能及时安装檩条，应用支撑撑牢，以防大风刮倒。

（6）砌筑出檐时，应按层砌，应先砌后部后砌出檐，以防出檐倾翻。

操作技能训练

1. 单片墙体砌筑：

（1）用标准砖进行 240 墙体砌筑。

（2）用标准砖进行 120、370 墙体砌筑训练。

2. 盘角与带墙垛墙体：

（1）240mm 厚墙体盘角。

（2）砌筑 240mm 厚带墙垛墙体。

3. 清水墙体与附墙砖柱、构造柱的留设：

（1）砌筑清水墙体。

（2）砌筑附墙砖柱。

（3）构造柱的留设训练。

（4）独立砖柱砌筑训练。

（5）立门窗框及门窗洞口与窗台的砌筑训练。

九、石材砌体的砌筑

（一）石材砌体的组砌形式

1. 石砌体简介

石砌体是利用各种天然石材组砌而成。石材因形状和加工程度的不同而分为毛石砌体、卵石砌体和料石砌体三种。由于一般石料的强度和密度比砖好，所以石砌体的耐久性和抗渗性一般也比砖砌体好。

现将石料和石砌体中的几个名称介绍如下：

（1）石料的面：我们把石料面向操作者的一面叫作正面，背向操作者的叫背面，向上的叫顶面，向下的叫底面，其余就是左右侧面。

（2）石砌体的灰缝：上下向的叫竖缝，其余的就叫横缝。

（3）石层：砖砌体有“皮”的区别，石砌体就叫作层。料石砌体层次分明，毛石砌体很难分层，但要求隔一定高度砌成一个接近水平的层次。

（4）顺石、丁石和面石：与砌体一样，我们把石料长边平行而外露于墙面的叫顺石；长边与墙面垂直、横砌露出侧面或端面的叫丁石（也叫顶石），石砌体中露出石面的外层砌石叫作面石。

（5）角石：角石又叫作护角石，砌筑于石砌体的角隅处，要求至少有两个平正面且近于垂直的大面。

（6）拉结石：横砌的丁石，其长度要求贯穿整个墙厚的 2/3 以上，最好是六面整齐的石料，而且具有一定的厚度。

（7）腹石、垫石：对于较大的石料砌体，砌叠于面石和角石范围之内的叫作腹石。垫石又叫作垫片，主要用做嵌填石块、使之平正。特别是干砌毛石砌体，垫片是砌体的重要组成部分。

2. 毛石砌体的组砌形式

毛石砌体的组砌形式一般有三种：一是丁顺分层组砌法，二是丁顺混合组砌法，三是交错混合组砌法。前两种方法适用于石料中既有毛石，又有条石和块石的情况；第三种方法适用于毛石占绝大多数的情况。由于所用的石料不规则，要求每砌一块石块要与左右上下有叠靠、与前后有搭接、砌缝要错开。每砌一块石块，都要放置稳固。有的毛石要用垫片稳固，但要求每一石块至少有四个点能与上下左右的其他石块有直接叠靠，不能只靠垫片起作用。由于毛石砌体所用石料多数是不规则的，在砌筑时，叠靠点应居于石块的外半部，而且要选择较大的较整齐的面朝外，每隔一定距离要砌一块拉结石。毛石的组砌形式如图 9-1 所示。

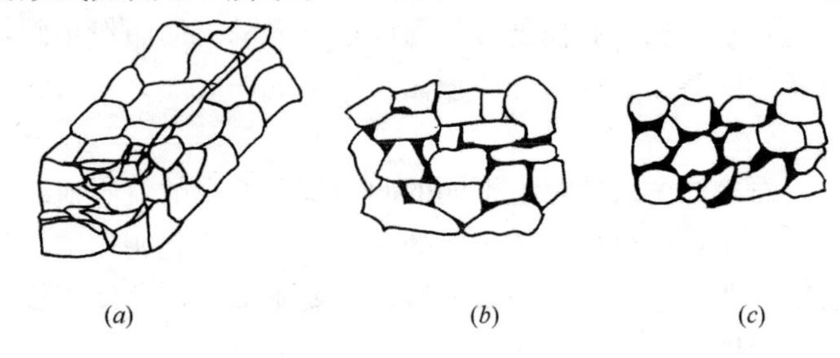

图 9-1　毛石的组砌形式

（*a*）砌筑形式；（*b*）毛石的杂纹砌法；（*c*）毛石的弧纹砌法

毛石砌体错误做法如图 9-2 所示，图 9-2（*a*）中，*A* 和 *B* 两块石块产生的 Q''_{A} 和 Q''_{B} 力可以迫使小石块产生滑动，从而使墙体变形直至倒塌。图 9-2（*b*）中，*A* 和 *B* 两块石块在自身重力的作用下，可能直接从墙体中滑下，导致墙体倒塌。

3. 毛石砌筑中的选石

毛石从山上开采下来是不规则的，要通过选石和修整才能合理地砌到墙上去。选石中首先是剔除风化石，对过分大的石块要

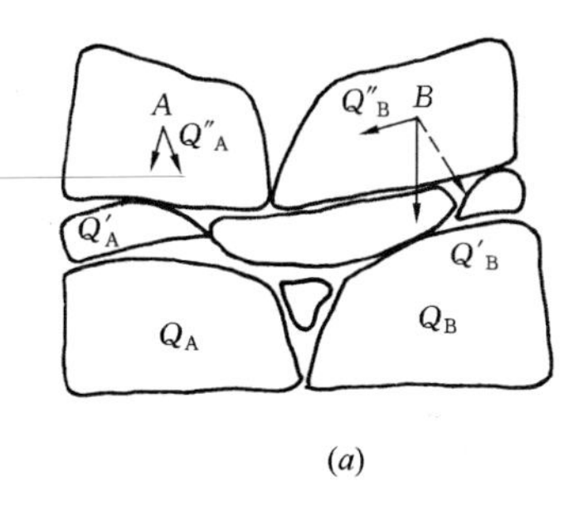

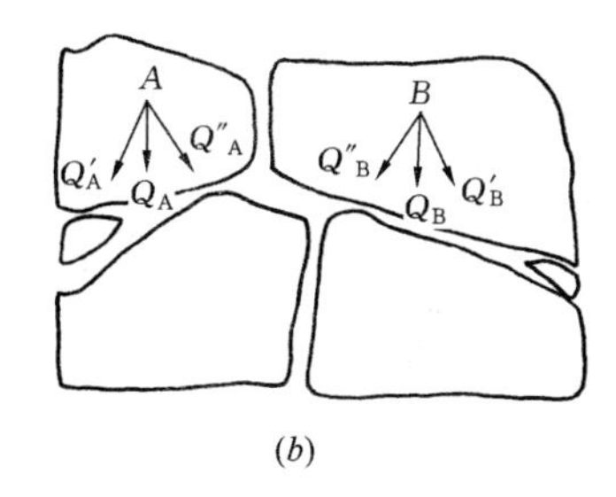

图 9-2　错误的组砌方式

（a）剪力的作用使小石块滑动；（b）自身重力使石块滑动

用大锤砸开，使毛石的大小适宜（一般以每块重 30kg 左右，一个人能双手抱起为宜）。由于岩石纹理的缘故，毛石虽然不规则，但一般有两个大致平整的面，砸选毛石时要充分利用这一有利条件。

砌石时，以目测的方法来选定合适的石块，根据砌筑部位槎口的形式和大小、墙面的缝式要求等来挑选。挑选石块是技术性和艺术性很强的工作，要通过大量的实践才能积累经验取得较好的外观效果。

4. 毛石的砌筑方法

毛石的砌筑有浆砌法和干砌法两种形式，浆砌法又分灌浆法和挤浆法。灌浆法适用于基础，其方法是：按层铺放块石，每砌 3～4 皮为一分层厚度，每个分层高度应找一次平，然后灌入流动性较大的砂浆，边灌边捣，对于较宽的缝隙，可在灌浆后打入小石块，挤出多余的砂浆。挤浆法是先铺筑一层 3～5cm 厚的砂浆，然后放置石块，使部分砂浆挤出，砌平后再铺浆并把砂浆灌入石缝中，再砌上面一层石块。挤浆砌筑法是常用的方法。

干砌法适用于受力较小的墙体，先将较大的石块进行排放，边排放边用薄小石块或石片嵌垫，逐层砌筑，砌成以后可用水泥砂浆勾嵌石缝。干砌法工效较低，并且整体性较浆砌法差。

（二）应预防的质量问题

1. 石材质量不符合要求

石材质量不符合要求主要表现在风化剥层、龟裂、形状过于细长、扁薄或尖锥，或者棱角不清、几乎成圆形；质地疏松、疵斑较多和敲击时发出“壳壳壳”的声音。这主要是由于石材的选用不当，加工运输中缺乏认真管理，乱毛石中未配平毛石等原因造成的。

2. 基础根部不实

主要表现在地基松软不实，土壤表面有杂物，基础底皮石材局部嵌入土中，上皮石材明显未坐实。主要是由于地基处理草率、底层石材过小或将尖棱短边朝下，基础完成后未及时回填土，基槽浸水后地基下陷等原因造成的。

3. 大放脚上下层未压砌

大放脚收台阶处所砌石材未压在下皮石材上，下皮石缝外露，影响基础传力。产生这种质量问题除了操作中的原因外，还有毛石规格不符合要求、尺寸偏小、未大小搭配等。

4. 墙体垂直通缝

这是由于忽视了毛石的交搭，砌缝未错开，尤其在墙角处未改变砌法，以及留槎不正确等原因造成的。

5. 夹心墙

所谓夹心墙就是里外两层皮。可能因毛石形体过小，每皮石块压搭过少，又没有按规定设置拉结石，还有的操作者由于缺乏经验，采用先砌里外墙面再填心的办法，也是造成夹心墙的重要原因。

6. 砌体粘结不牢

砌体中石块和砂浆有明显的分离现象，掀开石块有时可发现平缝砂浆铺得不严，石块之间存在瞎缝。这是由于灰缝过厚，砂浆收缩；石块过分干燥，造成砂浆早期脱水；石块表面有垃圾和泥土粘结等原因造成的。要求块石在使用前应用水冲洗干净，炎热天气要给石块适当浇水，一次砌筑高度控制在 1.2m 以内。

7. 墙面凹凸不平

墙面凹凸不平的产生原因可能是砌筑时未拉准线，或者是准线被石块顶出而没有发觉，砌筑时使用铲口石，砌成了夹心墙，砌筑高度超过规定而造成砌体变形。砌筑时必须经常检查准线，石料摆放要平稳，砂浆稠度要小，灰缝要控制在 2～3cm；施工安排要得当，每天砌筑高度不应超过 1.2m。

8. 勾缝砂浆粘结不牢

勾缝砂浆与石块粘结不牢，特别是凸缝砂浆脱落经常可见。这除了石块表面不洁净，降低了粘结力的原因外，砂子含泥量过大、砂粒过细、养护不及时等也是一个原因，要求严格掌握好原材料的质量和砂浆配合比，石墙面要先行冲洗，勾缝完成后要及时养护。

（三）安全注意事项

1. 砌筑高度

毛石墙每天砌筑高度不得超过 1.2m。

2. 砌石的脚手架

砌筑毛石要搭设两面脚手架，脚手架小横杆要尽量从门窗洞口穿过，或者采用双排脚手架。

必须留置脚手洞时，脚手洞要与墙面缝式吻合，混水墙的脚手洞可用 C20 混凝土堵补，清水墙则要留出配好的块石以待修补。

脚手板不准紧靠毛石墙面，打下的碎石应随时清除。

3. 石料的运输

基础砌筑时，严禁在基槽边抛掷石块，应从斜道上运下。抬运石料的斜道应有防滑措施，石料的垂直运输设备应有防止石块滚落的设施。

4. 石料的加工

毛石不得在墙上加工，以防止震松墙上石块滚落伤人。加工石料应佩戴风镜或平光眼镜，以防石屑崩出伤人。

5. 其他

砌筑毛石砌体时，周围不应有打桩、爆破等强烈振动，以免振塌伤人。

十、空斗墙、空心砖墙和空心砌块墙的砌筑

（一）空斗墙的构造及砌筑

1. 空斗墙的构造

空斗墙是由普通砖经平砌和侧砌相结合砌筑成有空斗间隔的墙体。大面朝外的砖称为斗砖，小面竖丁朝外的砖称为丁砖，小面水平朝外的砖称为眠砖。

墙体由于砖的平砌和侧砌不同组合可分为一眠一斗、一眠多斗（一眠二斗、一眠三斗等）、无眠空斗三大类的组砌形式，如图 10-1 所示。

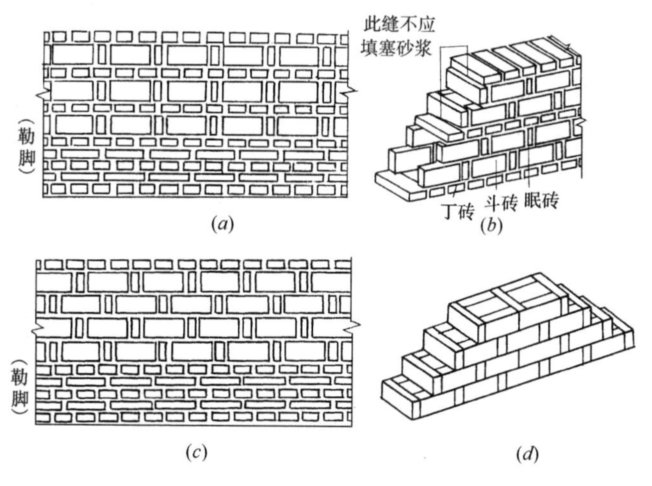

图 10-1　空斗墙常见形式

(*a*) 一眠一斗；(*b*) 一眠二斗；(*c*) 一眠多斗；(*d*) 无眠空斗

2. 空斗墙的适用范围

显而易见，空斗墙可以减轻建筑物的自重，节约材料，降低工程造价，并且还具有一定的隔热保温性能，但是它的抗震性能和结构的稳定性比实心砌体差。因此，它不适用于地震烈度大于7度、地基可能产生较大不均匀沉陷的地区，以及长期处于潮湿环境或墙体有较多管道的部位。

空斗墙一般只适用于三层以下的民用建筑、单层仓库和食堂等。

（二）空心砖墙和空心砌块墙的砌筑

空心砖是指含有多个孔洞的砖，主要原料可为黏土、页岩、煤矸石、粉煤灰、陶粒等。根据砖的类型称为多孔砖、大孔空心砖等；空心砌块通常是以混凝土为原料生产而成，如普通混凝土小型空心砌块、轻骨料混凝土小型空心砌块等。空心砖墙和空心砌块墙的砌筑方法同普通砖墙的砌筑方法近似，以下仅说明其与普通砖墙砌筑的不同点。

1. 空心砖墙砌筑工艺要点

（1）施工准备

由于空心砖不易砍砖，故材料准备除空心砖按设计图纸要求提出计划外，还应提出相同材质并与空心砖模数相匹配的实心砖计划；机械准备应配备砂轮锯砖机；运输堆放空心砖应轻拿轻放，严禁倾卸丢掷，减少损耗；砖使用时提前1～2d浇水湿润；空心砖砌筑砂浆采用不低于M2.5的混合砂浆。

（2）排砖撂底

多孔砖的孔洞应垂直向上，组砌方法为满丁满顺或梅花丁，内外墙同时排砖，纵横墙交错搭接，上下皮错缝搭砌，一般要求搭砌长度不小于60mm。

大孔空心砖组砌为十字缝，上下竖缝相互错开1/2砖长。

排列时在不够半砖处，可用普通砖补砌；门窗洞口两侧

240mm 范围内应用实心砖排砌。如图 10-2 所示。

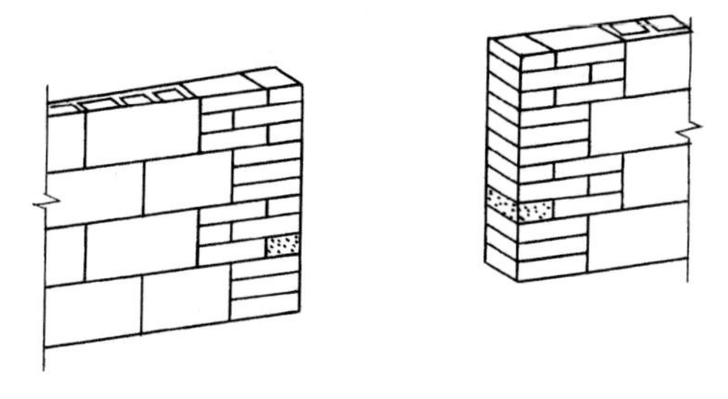

图 10-2 空心砖墙在门窗洞口边包实心砖砌法

（3）砌筑墙体

1）因空心砖厚度较厚，砌筑时要注意上跟线、下对楞。砌筑高度达到 1.2m 以上时，是砌墙最困难的部位，也是墙身最易出现毛病的时候，这时可将脚手架提高小半步，使操作人员体位升高，调整砌筑高度，从而保证墙体砌筑质量。

2）空心砖墙的大角处及丁字墙交接处，应加半砖使灰缝错开，如图 10-3 所示。转角处半砖砌在外角上，丁字交接处半砖砌在纵墙上。盘砌大角不宜超过三皮砖，也不得留槎，砌后随即检查垂直度和砌体与皮数杆的相符情况。

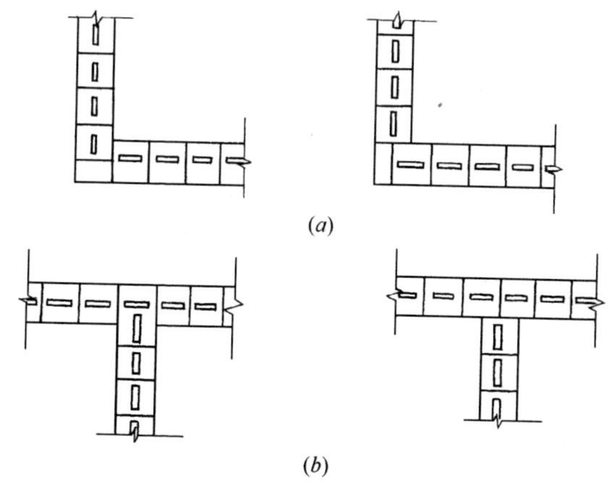

图 10-3 空心砖墙转角组砌图

(*a*) 转角交换；(*b*) 丁字交接

3）大孔空心砖砌筑时应对以下部位砌实心砖墙：处于地面以下或防潮层以下部位；非承重墙底部三皮砖；墙中留洞、预埋件处、过梁支承处等。

4）其余与普通砖砌体类似。

2. 空心砌块墙砌筑工艺要点

（1）砌筑工艺

施工准备→排砖撂底→砌筑墙体→质量检查→浇灌芯柱完成施工。

（2）施工准备

目前空心砌块一般多指混凝土小型砌块，该砌块有多个型号使用于不同部位，故应提出相匹配的不同型号材料需用计划。该空心砌块进场后，不仅要对其进行外观、尺寸、强度等项验收，还应检查其龄期，龄期不足28d，不得使用。

装卸砌块应堆放整齐，严禁倾卸丢掷。砌块堆场须平整，排水通畅；应有防雨雪覆盖措施，保证砌块干燥。砌块应按品种、规格、出厂日期分别堆放，并设置标志，堆放高度不宜超过1.6m。混凝土砌块一般不宜浇水，但在气候特别干燥炎热的情况下，可在砌筑前稍加喷水湿润。砌块表面有浮水时不得施工。

（3）排砖撂底

预排砌块时应尽量采用主规格，从转角或定位处开始向一侧进行，内外墙同时排砖。纵横墙交错搭接处、T形、十字形砌体交接处，若有辅助砌块应尽量使用。

要求砌块应对孔错缝搭砌，搭接长度不应小于90mm。若个别部位不能满足该要求时，应在灰缝中设置拉结钢筋或钢筋网片，但竖向通缝不得超过两皮砌块。

（4）砌筑墙体

1）墙体转角处和纵横墙交接处应同时砌筑。临时间断处应留成斜槎，斜槎水平投影长度不应小于高度的2/3。

2）砌块应底面朝上砌筑。若使用一端有凹槽的砌块时，应将有凹槽的一端接着平头的一端砌筑。砌块水平灰缝的砂浆饱满度

（按净面积计算）不得低于 90%，竖向灰缝饱满度不得低于 80%。竖缝凹槽部位应用砌筑砂浆填实，不得出现瞎缝、透明缝。

3）砌块要注意竖缝的宽度，防止同一皮砌块最后闭合时接缝太松或太紧。同时要注意闭合砌块在整个墙上参差布置。框架填充墙中，砌块排列至柱边的模数差，当其宽度大于 30mm 时，竖缝应用细石混凝土填实。

4）墙体不得采用砌块与普通砖等混合砌筑，严禁将断裂砌块用于承重墙体。

5）需要移动砌体中的砌块或砌块被撞动时，应清除原有砂浆，重铺砂浆砌筑。

（5）浇灌芯柱

空心砌块墙转角应设芯柱，其所用砌块用不封底砌块，在楼地面砌筑第一皮砌块时，芯柱侧面预留孔或用开口砌块，详见图 10-4。

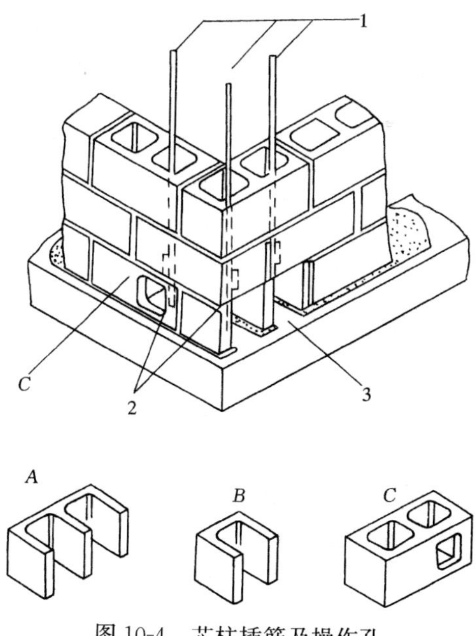

图 10-4　芯柱插筋及操作孔

1—芯柱插筋；2—竖向插筋绑孔；3—清扫操作孔

浇筑芯柱混凝土应在砌块墙的砌筑砂浆强度大于1MPa后进行。浇筑混凝土前，须清除砌块芯柱孔洞内的杂物，用水冲洗干净，并注入适量与芯柱混凝土相同的去石水泥砂浆再浇筑混凝土。浇筑芯柱的混凝土宜选用专用的混凝土小型空心砌块灌孔混凝土，若采用普通混凝土时，其坍落度不应小于90mm。

（6）空心砌块墙的构造措施

1）墙体的下列部位应采取构造填实措施：

① ±0.000以下砌体，砌块孔洞均用不低于C20级混凝土填实。

② 楼板支承处无圈梁时，板下用不低于C20级混凝土填实一皮砌块。

③ 当设计无要求时，次梁支承处一般可用不低于C20级混凝土填实砌块孔洞，其支承长度不小于400mm，高度不少于一皮砌块。

④ 当设计无要求时，悬臂梁的悬挑长度若大于或等于1.2m，其支承处的内外墙交接处用不低于C20级混凝土填实砌块孔洞，填实高度不少于3皮砌块。

⑤ 当框架填充墙砌至最后一皮时，可用填实的空心砌块或用90mm×190mm×190mm砌块斜砌塞紧。

2）砌体应尽量不设脚手眼；如必须设置，则可用190mm×190mm×190mm砌块（K2型）侧砌，利用其孔洞作脚手眼，砌筑完成后用C20级混凝土将脚手眼填塞密实。

（三）应预控的质量问题

1. 防止空斗墙砖缝砂浆不饱满的预控要求

该质量问题表现在空斗墙水平灰缝砂浆饱满度达不到规范要求；竖缝无砂浆或砂浆不饱满（瞎缝或空缝）；缩口缝深度大于20mm以上。

造成原因为：

1）砌筑砂浆和易性差，致使操作者用瓦刀披灰困难。

2）用干砖砌筑，使砂浆早期脱水而降低了强度，砂浆疏松脱落。

3）操作者手法不对，披灌灰浆时瓦刀与砖面倾斜角度太大，砖口灰太深。

预控要求为：改善砂浆的和易性，使操作适宜；禁止使用干砖砌筑，冬期施工时也应将砖面适当湿润；操作人员须熟练掌握操作手法和要求。

2. 防止丁字墙、十字墙等接槎处出现通缝的操作要求

该质量问题表现在组砌混乱，由于操作人员忽略组砌形式，排砖时没有全墙排通就砌筑；或上下皮砖在丁字墙、十字墙处错缝搭砌没有排好砖。

预控要求为：熟悉掌握组砌形式，增强工作责任心，做好排砖撂底工作。

3. 防止墙面凹凸不平、水平缝不直的预控要求

该质量问题原因在于：砌筑墙体长度较长，拉线不紧产生下坠，中间未定线，风吹长线摆动。

预控要求为：加强操作人员的责任心，砌筑两端紧线和中间定线要专人负责，勤紧线勤检查，挂线长度不超过 10m；每砌筑 500mm 高左右要用托线板检查一次垂直度。

4. 防止预埋件和预留洞口安装时松动和不牢固的预控措施，操作前熟悉预埋件和预留洞口的尺寸和位置，预先确定组砌形式，使得其周边用实心砖（砌块）砌筑；在砌筑时勤检查，发现差错及时纠正，避免安装时再修凿洞口和移动预埋件造成松动。

（四）质量标准和安全要求

1. 质量标准

砌筑砂浆试块抗压强度平均值不小于 f_{mk}（设计强度等级所对应的立方体抗压强度），砌筑砂浆试块最小一组平均值不小

于 $0.75f_{mk}$。

砌体灰缝横平竖直，砂浆饱满，允许偏差应满足表 10-1 的要求。

砌体允许偏差 **表 10-1**

项次	项　目			允许偏差（mm）	检　验　方　法
1	轴线位置偏移			10	用经纬仪和尺检查
2	垂直度	每层		5	用 2m 托线板检查
		全高	≤10m	10	用经纬仪、吊线和尺检查
			>10m	20	
3	基础顶面和楼面标高			±15	用水平仪和尺检查
4	表面平整度	清水墙、柱		5	用 2m 靠尺和楔形塞尺检查
		混水墙、柱		8	
5	门窗洞口高、宽（后塞口）			±5	用尺检查
6	外墙上下窗口偏移			20	以底层窗为准，用经纬仪或吊线检查
7	水平灰缝平直度	清水墙		7	拉 10m 线和尺检查
		混水墙		10	
8	清水墙游丁走缝			20	吊线和尺检查，以每层第一皮砖为准
9	水平灰缝厚度			10±2	用尺检查

2. 安全要求

1）须采用双排脚手架，不得在墙上留脚手眼，严禁将脚手架横杆搁置在砖墙上。

2）严禁站在墙上工作和行走。

3）手抓砖要抓稳，防止操作时砖坠落。

4）在砌筑过程中，对稳定性较差的窗间墙、独立柱和挑出墙面较多的部位应加临时支撑，以保证其稳定性。

5）砌筑完毕，脚手架上断砖杂物应及时清理回收。

十一、一般家用炉灶的砌筑

家用炉灶有靠墙角的三角形灶和靠墙面的长方形灶，其内部构造和砌筑方法基本相同。

1. 家用炉灶的砌筑工艺顺序

砌筑准备→拌制砂浆和胶泥→砌筑炉灶→砌筑烟道和烟囱→试火。

2. 家用炉灶的砌筑方法

砌筑家用炉灶时，首先要确定炉灶的形式和炉灶的大小，再很据炉灶形式和大小放线定好炉座的位置，然后开始砌筑。炉灶的构造如图 11-1 所示。

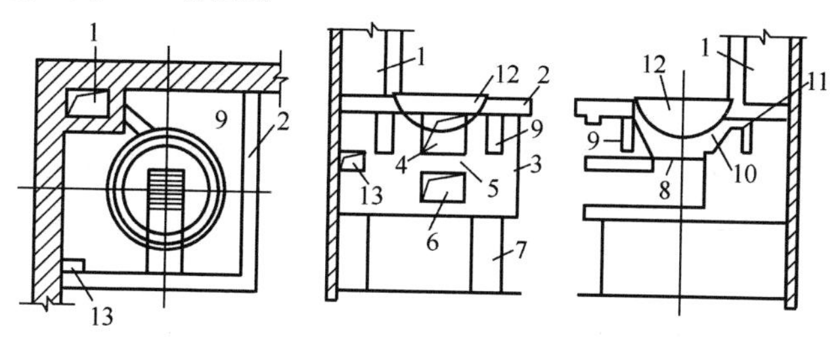

图 11-1　家用炉灶构造示意图

1—烟囱；2—炉灶台；3—炉灶身；4—炉灶门；5—灶口撬砖；6—通风道（又是出灰道）；7—炉灶脚；8—炉栅；9—回烟道；10—炉膛；11—火焰道；12—锅子；13—火柴洞

砌筑炉座时，墙厚一般为 18～24cm，高为 30～40cm，炉座的长比炉灶面（灶台）要缩短 12cm。铺好炉栅后继续砌筑炉身和炉膛。炉栅周围要砌筑楔形砖一层，以便将炉栅压牢固定，炉灶砌筑完成后，要将炉膛表面涂抹上一层具有耐火性的胶泥，以保证烧火旺盛。

3. 烟囱和烟道的砌筑

家用炉灶的烟囱主要是指墙心烟囱或附墙烟囱，其烟囱的内径应在 12cm×12cm 以上，一般外径为 18cm ×18cm，如图 11-2 所示。其中主烟道是从房屋底层一直通到房屋顶以上，出屋顶部分一般称为烟囱，砌筑时，要注意从灶口起就要留出回烟道 6～12cm 槽口，绕炉膛从侧向接通烟囱。回烟道留糟两皮砖后，可在楔形砖（炉栅周围一层处）上竖砌侧砖一圈作为炉膛内壁，同时又形成回烟道。

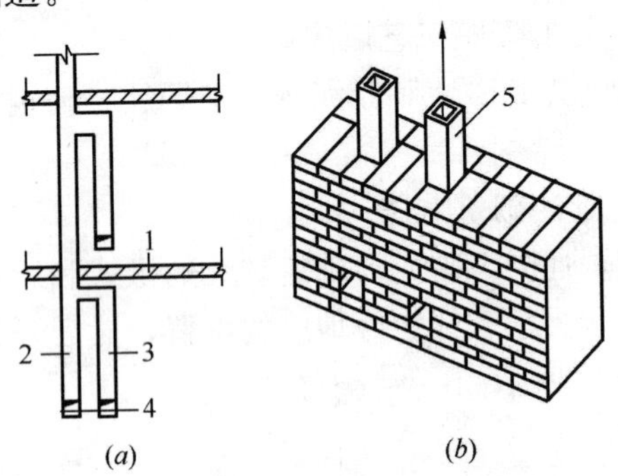

图 11-2 烟囱孔的构造和砌法
（a）烟囱孔的构造；（b）烟囱的砌法
1—楼板；2—主烟道；3—副烟道；4—出灰口；
5—烟囱孔芯模

4. 砌筑家用炉灶的操作要点

（1）砌筑家用炉灶与砌筑砖墙一样，要拌制好砌筑用的水泥石灰砂浆，内掺一定数量的耐火泥。

（2）炉灶面（灶台）的高度一般应在 80～90cm 内，以便操作者操作。

（3）排放炉栅的高度离室内地坪必须在 30cm 以上，以保持炉内通畅，燃火旺盛 。

（4）炉灶身要较炉座挑出 6cm 炉灶面（灶台）又比炉灶身挑出 6cm，使操作者站在炉灶边操作时脚不会碰到炉座。

十二、屋面瓦的施工

（一）平屋面瓦的施工

瓦屋面是我国传统的屋面形式，它多用于仿古建筑、乡镇民居和一些构筑物（如粮仓等）。它的种类很多，有平瓦屋面、青瓦屋面、筒瓦屋面等。这里仅介绍平瓦屋面和青瓦屋的工艺方法。

1. 平瓦屋面的操作工艺顺序

施工准备→铺瓦→做天沟、斜脊与泛水→作脊→清理屋面。

2. 平瓦屋面的施工要点

（1）施工准备

1）技术条件准备

① 检查屋面基层防水层是否平整，有无破损，搭接长度是否符合要求，挂瓦条是否钉牢，间距是否正确。檐口挂瓦条是否满足檐瓦出檐 50～700mm 的要求，检查无误后方可运瓦上屋面。

② 检查脚手架的牢固程序，搭设高度是否超出檐口 1m 以上。

2）材料准备

① 凡缺边、掉角、裂缝、砂眼、翘曲不平和缺少瓦爪的瓦不得使用，并准备好山墙、天沟处的半片瓦。

② 运瓦可利用垂直运输机械运到屋面标高，然后沿脚手分散到檐口各处堆放。向屋顶运输主要靠人工传递的方法，每次传递两块平瓦，分散堆放在坡屋面上，防止碰破防水层。

③ 瓦在屋面上的堆放，以一垛九块均匀摆开，横向瓦堆的

间距约为两块瓦长，坡向间距为2根瓦条，呈梅花状放置（俗称“一步九块瓦”），见图12-1（a）。亦可每4根瓦条间堆放一行，开始先平摆5～6张瓦作为靠山，然后侧摆堆放（俗称“一铺四”），见图12-1（b）。

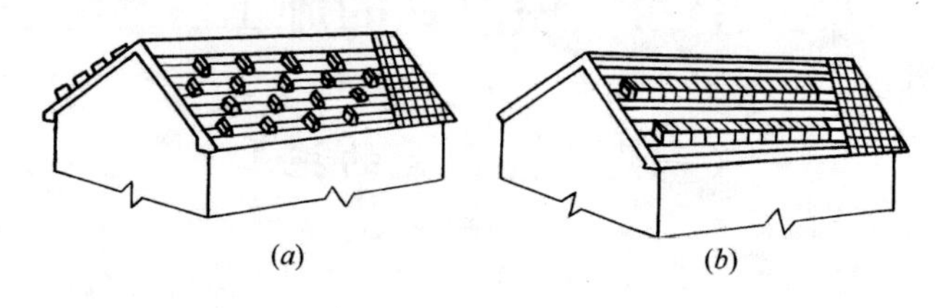

图12-1 平瓦堆放

在堆瓦时应两坡同时进行，以免屋架受力变形。

（2）铺瓦

1）铺瓦的顺序是先从檐口开始到屋脊，从每块屋面的左侧山头向右侧山头进行。檐口的第一块瓦应拉准线铺设，平直对齐，并用铁丝和檐口挂瓦条拴牢。

2）上下两楞瓦应错开半张，使上行瓦的沟槽在下行瓦当中，瓦与瓦之间应落槽挤紧，不能空搁，瓦爪必须钩住挂瓦条，随时注意瓦面、瓦楞平直。

3）在风大地区、地震区或屋面坡度大于30°的瓦屋面及冷摊瓦屋面，瓦应固定，每一排一般要用20号镀锌铁丝穿过瓦鼻小孔与挂瓦条扎牢。

4）一般矩形屋面的瓦应与屋檐保持垂直，可以间隔一定距离弹垂直线加以控制。

（3）天沟、戗角（斜脊）与泛水做法

1）天沟和戗角（斜脊）处一般先试铺，然后按天沟走向弹出墨线编号，并把瓦片切割好，再按编号顺序铺盖。天沟的底部用厚度为0.45～0.75mm的镀锌钢板铺盖，铺盖前应涂刷两道防锈漆，一般薄钢板应伸入瓦下面不少于150mm。瓦铺好以后用掺麻刀的混和砂浆抹缝，见图12-2（a）。戗角（斜脊）也要按天沟做法弹线、编号，切割瓦片，待瓦片铺设好以后，再按做脊的方法盖上脊瓦，见图 12-2（b）。

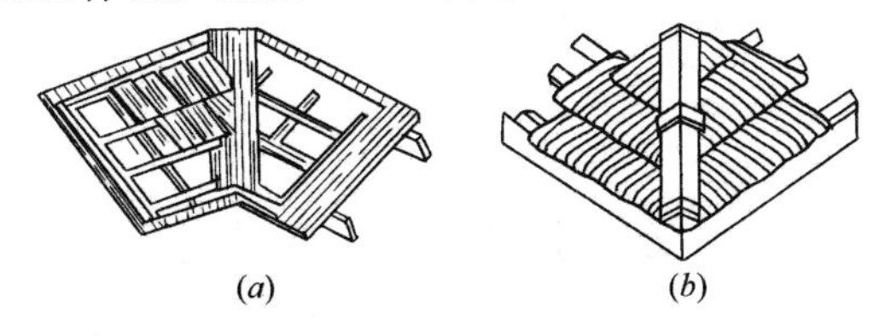

图 12-2　天沟及戗角（斜脊）

（a）天沟；（b）戗角

2）山墙处的泛水，如果山墙高度与屋面平，则只要在山墙边压一行条砖，然后用 1∶2.5 水泥砂浆抹严实做出披水线就行了；如果是高出屋面的山墙（高封山），其泛水做法见图 12-3。

（4）做脊

铺瓦完成后，应在屋脊处铺盖脊瓦，俗称做脊。先在屋脊两端各稳上一块脊瓦，然后拉好通线，用水泥石灰麻刀砂浆将屋脊处铺满，先后依次扣好脊瓦。要求脊瓦内砂浆饱满密实，以防被风掀掉，脊瓦盖住平瓦的边必须大于 40mm。脊瓦之间的搭接缝隙和脊瓦与平瓦之间的搭接缝隙，应用掺有麻刀的混合砂浆填实。砂浆中可掺入与瓦颜色相近的颜料。屋脊和斜脊应平直，无起伏现象。

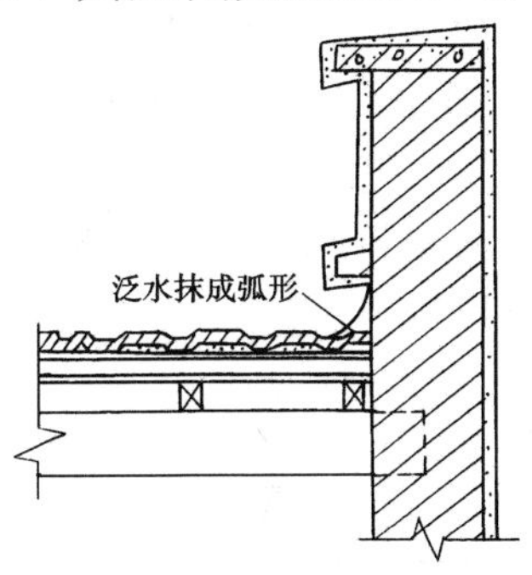

图 12-3　高封山泛水做法

（二）小青瓦屋面

1. 小青瓦的屋面形式

小青瓦铺法分为阴阳瓦屋面和仰瓦屋面两种，阴阳瓦屋面是将仰瓦盖于仰瓦垄上（图 12-4a）；仰瓦屋面是全部用仰瓦铺成行列，垄上抹灰埂（图 12-4*b*）或不抹灰埂（图 12-4*c*）。

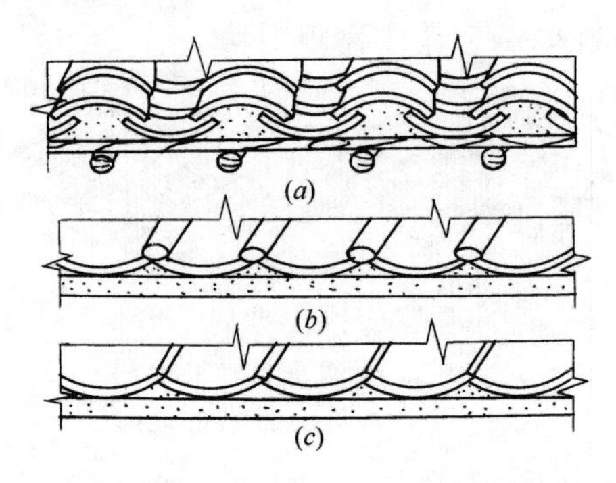

图 12-4　小青瓦屋面形式

（*a*）阴阳瓦；（*b*）有灰埂仰瓦；（*c*）无灰埂仰瓦

2. 瓦的运送与堆放

小青瓦堆放场地应靠近施工的建筑物，瓦片立放成条形或圆形堆，高度以 5～6 层为宜，不同规格的青瓦应分别堆放。瓦应尽量利用机具运到脚手架上，利用脚手架靠人力传递分散到屋面各处堆放。

小青瓦应均匀有次序地摆在椽子上，阴瓦和阳瓦分别堆放，屋脊边应多摆一些。

3. 铺筑要点

（1）铺挂小青瓦前，要先在屋架上钉檩条，在檩条上钉椽子，在椽子上铺苫席或苇箔、荆笆、望板等，然后铺苫泥背，小青瓦便铺设在苫泥背上，一般在铺前先做脊。

（2）小青瓦的屋脊有人字脊（采用平瓦的脊瓦）、直脊（瓦片平铺于屋脊上或竖直排列于屋脊，两端各叠一垛，作为瓦片排列时的靠山）与斜脊（瓦片斜立于屋脊上，左右与中间成对称）等几种。

做脊前，先按瓦的大小，确定瓦楞的净距（一般为 50～100mm），事先在屋脊安排好。两坡仰瓦下面用碎瓦、砂浆垫平，将屋脊分档瓦楞窝稳，再铺上砂浆，平铺俯瓦 3～5 张，然后在瓦的上口再铺上砂浆，将瓦均匀地竖排（或斜立）于砂浆上，瓦片下部要嵌入砂浆中窝牢不动。铺完一段，用靠尺拍直，再用麻刀灰浆瓦缝嵌密，露出砂浆抹光，然后可以铺列屋面小青瓦。

（3）铺瓦时，檐口按屋脊瓦楞分档用同样方法铺盖 3～5 张底盖瓦作为标准。

1）檐口第一张底瓦，应挑出檐口 50mm 以利排水。

2）檐口第一张盖瓦，应抬高约 20～30m（约 2～3 张瓦高），其空隙用碎石、砂浆嵌塞密实，使整条瓦楞通顺平直，保持同一坡度，并用纸筋灰镶满抹平（俗称“扎口”），如图 12-5 所示。

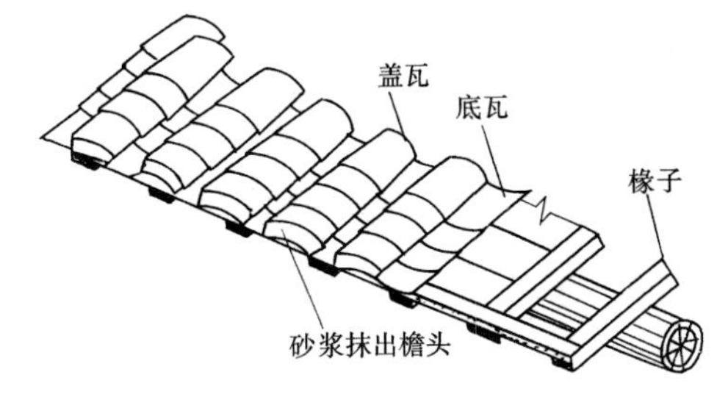

图 12-5　小青瓦屋面扎口

3）不论底瓦或盖瓦，每张瓦搭接不少于瓦长的 2/3（俗称“一搭三”），要对称。

4）铺完一段，用 2m 长靠尺板拍直，随铺随拍，使整楞瓦从屋脊到檐口保持前后整齐顺直。

5）檐口瓦楞分档标准做好后，自下而上，从左到右，一楞一楞地铺设，也可以左右同时进行。为使屋架受力均匀，两坡屋面应同时进行。

6）悬山屋面、山墙应多铺一楞盖瓦，挑出半张作为披水。硬山屋面用仰瓦随屋面坡度侧贴于墙上作泛水。冷摊瓦屋面，将底瓦直接铺在椽子上。

7）我国南方沿海一带，因台风关系，对小青瓦屋面的屋脊及悬山屋面的披水，用麻刀灰浆铺砌一皮顺砖，或再用纸筋灰刮糙粉光。仰俯瓦（即底盖瓦）搭接处用麻刀灰嵌实粉光。盖瓦每隔 1m 左右用麻刀灰铺砌一块顺砖并与盖瓦缝嵌密实，相邻两行前后错开（俗称“压砖”）。扎口与前述相同。

8）小青瓦屋面的斜沟与平瓦屋面的斜沟做法基本相同。在斜汊处斜铺宽度不小于 500mm 的白铁或油毡，并铺成两边高中间低的洼沟槽，然后在白铁或防水卷材两边，铺盖小瓦（底瓦和盖瓦），搭盖 100～150mm 瓦的下面用混合砂浆填实压光，以防漏水。

9）屋面铺盖完后，应对屋面全面进行清扫，做到瓦楞整齐，瓦片无翘角破损和张口现象。

（三）质量与安全要求

1. 质量要求

（1）铺瓦时应尽量不在已铺好的瓦上行走，避免将瓦踩坏。如必须在瓦上行走时，应踩瓦的两头，不踩中间。铺瓦过程中发现破损瓦要及时更换，整个屋面铺瓦完毕后应清扫干净。

（2）铺瓦应平整，搭接紧密，行列横平竖直；檐口瓦出檐尺寸一致，檐头平直整齐。

（3）屋脊要平直，脊屋搭口和分坡瓦的缝隙，沿山墙挑檐的平瓦与天沟的空隙，均应用麻刀灰浆填实抹平，封固严密。

（4）平瓦搭盖

1）脊瓦和坡瓦的搭接长度不小于 40mm。

2）天沟、斜沟、檐沟铁皮伸入瓦片下长度不小于 150mm。

3）瓦头挑出檐口长度 50～70mm。

4）突出屋面的墙或烟囱的侧面瓦伸入泛水的长度不大于 50mm。

2. 安全注意事项

（1）铺盖屋面瓦片时，檐口处必须搭设防护设施，顶层脚手面应在檐口下 1.2～1.5m 处，并满铺脚手板，外排立杆应设护身杆，并高出檐口 1m 设三道护栏外挂安全网，第一道应高出脚手面 500mm 左右，以此往上再设二道，上人屋面应搭设专用爬梯，不得攀爬檐口和山墙上下，每天上班应先检查脚手架的稳固情况。

(2) 雨期和冬期，应打扫雨水和霜雪，并增设防滑设施。

(3) 屋面材料必须均匀堆放，支垫平整。两侧坡屋面要对称堆放，特别是屋架承重时，若不对称堆放可能引起因屋架受力不均而倒塌。

(4) 屋面施工系高处作业，散碎瓦片及其他物品不得任意抛掷，以免伤人。

(5) 上岗前应对操作者进行健康检查，有高血压、心脏病、癫痫病者不得从事高处作业。在坡屋面上行走时，应面向屋脊或斜向屋脊，以防滑倒。

十三、地下管道排水工程的施工

（一）地下管道排水系统的组成

我们通常见到建筑物的地下管道排水系统一般分为污水排放系统和雨水排放系统。它们均由具有一定坡度的管道和检查井（即窨井）连接而成，而污水排放系统往往还要连接化粪池。这里介绍排水管道、窨井和化粪池施工工艺。

（二）下水道铺设及闭水试验方法

1. 下水道支干管的铺设

（1）施工准备

1）材料准备：

① 水泥、砂子、碎石或卵石配备充足，材质满足要求。

② 管材准备：各种管径的管材（水泥管、陶瓦管等）按规格分别堆放，并按设计要求，检查管子的强度、外观质量。管材的强度以出厂合格证为准，凡有裂缝、弯曲、圆度变形而无法承插的或承插口破损的都不能使用。

2）工具准备：除小型自带工具外，还须准备绳子、杠子、橇棒、脚手板等。

3）作业条件准备：管沟或坑槽土已挖好，垫层已完成。

（2）铺管

1）下管：先将需要铺设的管子运到基槽边，但不允许滚动到基槽边，下管时应注意管子承插口的方向。

2）就位顺序：管子的就位应从底处向高处，承插口应处于高一端，如图 13-1 所示。

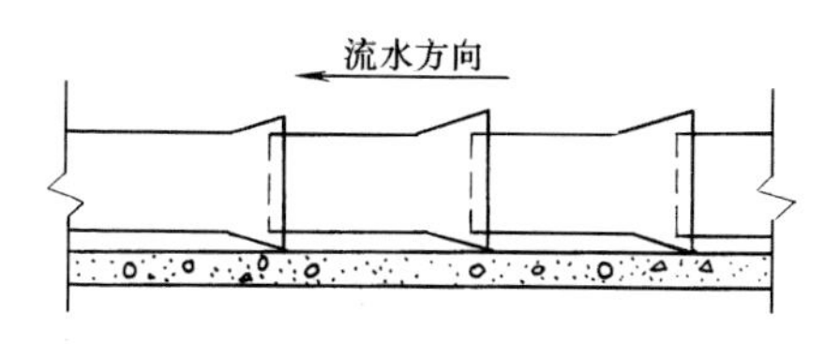

图 13-1　管子就位顺序

3）就位：当管子到位后，应根据垫层上面弹出的管线位置对中放线，两侧可用碎砖先垫牢卡住。第一节管子应伸入窨井位置内，其深入长度根据井壁厚度确定，一般管口离井内壁约 50mm，承插第二节管子时，应先在第一节管子的承插口下半圈内抹上一层砂浆。再插第二节管，使管口下部先有封口砂浆，以便于下一步封口操作。每节管都依此方法进行，直至该段管子铺设完成。

从第二窨井起，每个窨井先摆上出水管，但此管暂时不窝砂浆，先做临时固定，待井壁砌到进水管底标高时，再铺进水管。穿越窨井壁的进、出水管周围要用 1∶3 水泥砂浆窝牢，嵌塞严密，并将井内、外壁与管子周围用同样砂浆抹密实。

当井壁砌完进、出水管面后，井内管子两旁要用砖头砌成半圆筒形，并用 1∶2.5 水泥砂浆抹成泛水，抹好后的形状如对剖开管（俗称流槽），使水流集中，增加冲力。如果管子在窨井处直交或斜交，抹好后如剖开弯头，但弯头的外向应向于内向，以缓冲水的离心力，有利排水。

（3）封口、窝管

1）封口

用 1∶2 水泥砂浆将承插口内一圈全部填嵌密实，再在承插口处抹成环箍状。常温时应用湿草袋洒水养护，冬季应作保温养护。

2）窝管

为了保证管道的稳固，在完成封口后，在管子两侧用混凝土填实做成斜角（叫做窝管）。窝管的形状，如图 13-2 所示。

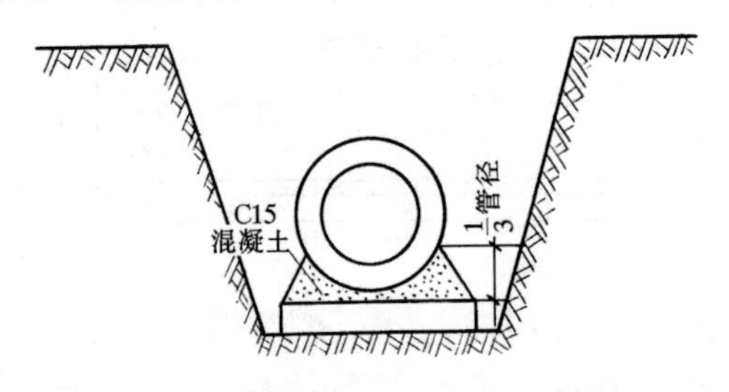

图 13-2　窝管形状

填混凝土时，注意不要损伤接口处，并应避免敲击管子。窝管完毕与封口一样养护。

2. 下水道闭水试验方法

下水道因接头多，通常分段进行试验，试验方法有如下几种：

（1）分段满灌法

将试验段相邻的上下窨井管口封闭（用砖和黏土砂浆密封和用木板衬垫橡皮圈顶紧密封），然后在两窨井之间灌水，水要高出管面（特别是进水管面），接着进行逐根检查，如有渗水现象，说明接头不严实，应即修补。

（2）送烟检查法

将试验段管子一端封闭，在另一端把点燃的杂草或稻草塞入管中，用打气筒送风，若发现某节管有冒烟现象，说明接头处不够严密，会渗水，应修补到不冒烟为止。

以上是下水道工程常用的试验方法，其他还有充气吹泡法、定压观察法等。可根据施工具体情况进行选用。管道经闭水试验修补完成后，应立即进行回填土。

在回填土时应注意，不能填入带有碎砖、石块的黏土，以免砸坏管子。回填时应在管子两侧同时进行，并用木槌捣实，但用力要均匀，以防管子移动，回填土应比原地面高出 50～100mm，利于回填土下沉固结，不致形成管槽积水。

3. 质量要求

（1）闭水试验合格。

（2）管道的坡度符合设计要求和施工规范规定。

（3）接口填嵌密，灰口平整、光滑、养护良好。

（4）接口环箍抹灰平整密实，无断裂。

（三）窨　井

1. 窨井的构造

窨井由井底座、井壁、井圈和井盖构成。形状有方形与圆形两种。一般多用圆窨井，在管径大，支管多时则用方窨井。

2. 窨井砌筑要点

（1）材料准备

1）普通砖、水泥、砂子、石子准备充足。

2）其他材料，如井内的爬梯铁脚，井座（铸铁、混凝土）、井盖等，均应准备好。

（2）技术准备

1）井坑的中心线已定好，直径尺寸和井底标高已复测合格。

2）井的底板已浇灌好混凝土，管道已接到井位处。

3）除一般常用的砌筑工具外，还要准备 2m 钢卷尺和铁水平尺等。

（3）井壁砌筑

1）砂浆应采用水泥砂浆，强度等级按图纸确定，稠度控制在 80～100mm。冬期施工时砂浆使用时间不超过 2h，每个台班应留设一组砂浆试块。

2）井壁一般为一砖厚（或由设计确定），方井砌筑采用一顺一丁组砌法；圆井采用全丁组砌法。井壁应同时砌筑，不得留槎；灰缝必须饱满，不得有空头缝。

3）井壁一般都要收分。砌筑时应先计算上口与底板直径之差，求出收分尺寸，确定在何层收分，然后逐皮砌筑收分到顶，并留出井座及井盖的高度。收分时一定要水平，要用水平尺经常校对，同时用卷尺检查各方向的尺寸，以免砌成椭圆井和斜井。

4）管子应先排放到井的内壁里面，不得先留洞后塞管子。要特别注意管子的下半部，一定要砌筑密实，防止渗漏。

5）从井壁底往上每 5 皮砖应放置一个铁爬梯脚蹬，梯蹬一定要安装牢固，并事先涂好防锈漆，见图 13-3。

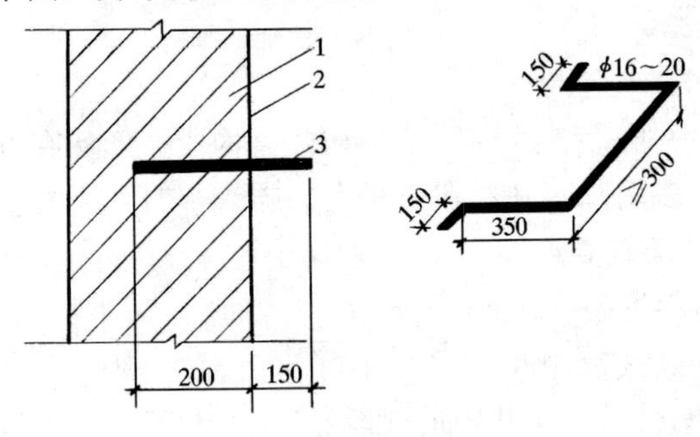

图 13-3　铁爬梯蹬

1—砖砌体；2—井内壁；3—脚蹬

（4）井壁抹灰

在砌筑质量检查合格后，即可进行井壁内外抹灰，以达到防渗要求。

1）砂浆采用 1∶2 水泥砂浆（或按设计要求的配合比配制），必要时可渗入水泥含量 3%～5%的防水粉。

2）壁内抹灰采用底、中、面三层抹灰法。底层灰厚度为 5～10mm，中层灰为 5mm，面层灰为 5mm，总厚度为 15～20mm，每层灰都应用木抹子压光，外壁抹灰一般采用防水砂浆五层操作法。

（5）井座与井盖可用铸铁或钢筋混凝土制成。在井座安装前，测好标高水平再在井口先做一层 100～150mm 厚的混凝土封口，封口凝固后再在其上铺水泥砂浆，将铸铁井座安装好。经检查合格，在井座四周抹 1∶2 水泥砂浆泛水，盖好井盖。

（6）在水泥砂浆达到一定强度后，经闭水试验合格，即可回填土。

（7）砌体砌筑质量要求如下：

1）砌体上下错缝，无裂缝。

2）窨井表面抹灰无裂缝、空鼓。

（四）化　粪　池

1. 化粪池的构造

化粪池由钢筋混凝土底板、隔板、顶板和砖砌墙壁组成。化粪池的埋置深度一般均大于 3m，且要在冻土层以下。它一般是由设计部门编制成标准图集，根据其容量大小编号，建造时设计人员按需要的大小对号选用。图 13-4 为化粪池的示意图。

2. 化粪池砌筑要点

（1）准备工作

1）普通砖、水泥、中砂、碎石或卵石，准备充足。

2）其他如钢筋、预制隔板、检查井盖等，要求均已备好料。

3）基坑定位桩和定位轴线已经测定，水准标高已确定并做好标志。

4）基坑底板混凝土已浇好，并进行了化粪池壁位置的弹线。基坑底板上无积水。

5）已立好皮数杆。

（2）池壁砌筑

1）砖应提前 1d 浇水湿润。

2）砌筑砂浆应用水泥砂浆，按设计要求的强度等级和配合比拌制。

3）一砖厚的墙可以用梅花丁或一顺一丁砌法；一砖半或二砖墙采用一顺一丁砌法。内外墙应同时砌筑，不得留槎。

4）砌筑时应先在四角盘角，随砌随检查垂直度，中间墙体拉准线控制平整度；内隔墙应跟外墙同时砌筑。

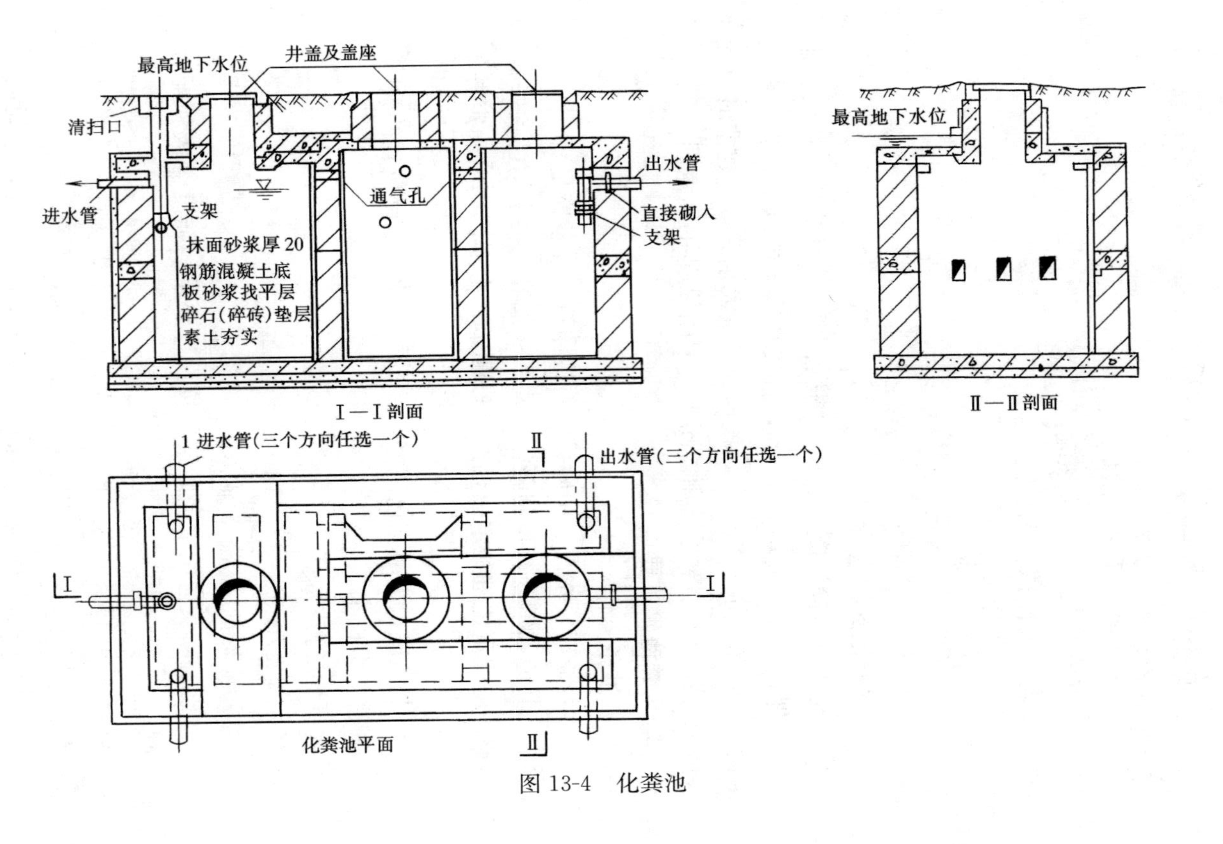

最高地下水位
井盖及盖座
清扫口
进水管
支架
通气孔
出水管
直接砌入
支架
抹面砂浆厚 20
钢筋混凝土底
板砂浆找平层
碎石(碎砖)垫层
素土夯实
Ⅰ—Ⅰ剖面
最高地下水位
Ⅱ—Ⅱ剖面
1 进水管(三个方向任选一个)
出水管(三个方向任选一个)
化粪池平面

图 13-4　化粪池

5）砌筑时要注意皮数杆上预留洞的位置，确保孔洞位置的正确和化粪池使用功能。

（3）凡设计中要安装预制隔板的，砌筑时应在墙上留出安施隔板的槽口，隔板插入槽内后，应用 1∶3 水泥砂浆将隔板槽缝填嵌牢固（图 13-5）。

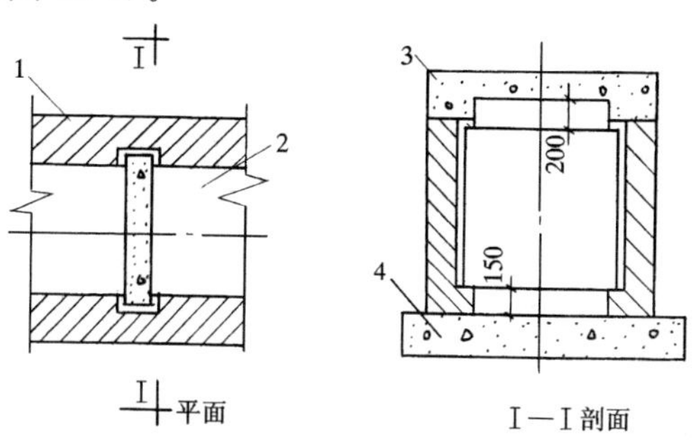

图 13-5　化粪池隔板安装

1—砖砌体；2—混凝土隔板；3—混凝土顶板；4—混凝土底板

（4）化粪池墙体砌完后，即可进行墙身内外抹灰。内墙采用三层抹灰，外墙采用五层抹灰，具体做法同窨井。采用现浇盖板时，在拆模之后应进入池内检查并作修补。

（5）抹灰完毕可在池内支撑现浇顶板模板，绑扎钢筋，经隐蔽验收后即可浇灌混凝土。

顶板为预制盖板时，应用机具将盖板（板上留有检查井孔洞）根据方位在墙上垫上砂浆吊装就位。

（6）化粪池顶板上一般有检查井孔和出渣井孔，井孔要由井身砌到地面。井身的砌筑和抹灰操作同窨井。

（7）化粪池本身除了污水进出的管口外，其他部位均须封闭墙体，在回填土之前，应进行抗渗试验。试验方法是将化粪池进出口管临时堵住，在池内注满水，并观察有无渗漏水，经检验合格符合标准后，即可回填土。回填土时顶板及砂浆强度均应达到设计强度，以防墙体被挤压变形及顶板压裂，填土时要求每层夯实，每层可虚铺 300～400mm。

（8）化粪池砌筑质量要求如下：

1）砖砌体上下错缝，无垂直通缝。

2）预留孔洞的位置符合设计要求。

3）化粪池砌筑的允许偏差同砌筑墙体要求。

十四、地面砖铺砌和乱石路面铺筑

（一）地面砖的类型和材质要求

1. 普通砖

普通砖即一般砌筑用砖，规格为 240mm×115mm×53mm，要求外形尺寸一致、不挠曲、不裂缝、不缺角，强度不低于 MU7.5。

2. 缸砖

采用陶土掺以色料压制成型后烘烧而成。一般为红褐色、亦有黄色和白色，表面不上釉，色泽较暗。形状有正方、长方和六角等。规格有 100mm×100mm×10mm、150mm×150mm×15mm、150mm×75mm×15mm、100mm×50mm×10mm。质量上要求外观尺寸准确、密实坚硬、表面平整、无凹凸和翘曲，颜色一致、无斑，不裂、不缺损。抗压、抗折强度及规格尺寸符合设计要求。

3. 水泥砖（包括水泥花砖、分格砖）

水泥砖是用干硬性砂浆或细石混凝土压制而成，呈灰色，耐压强度高。水泥平面砖常用规格 200mm×200mm×25mm；格面砖有 9 分格和 16 分格两种，常用规格有 250mm×250mm×30mm、250mm×250mm×50mm 等。要求强度符合设计要求、边角整齐、表面平整光滑，无翘曲。

水泥花砖系以白水泥或普通水泥掺以各种颜料和机械拌合压制成型。花式很多，分单色、双色和多种色三类。常用规格有 200mm×200mm×18mm、200mm×200mm×25mm 等。要求色彩明显、光洁耐磨、质地坚硬性。强度符合设计要求、表面平整光滑、边角方正，无扭曲和缺楞掉角。

4. 预制混凝土大块板

预制混凝土大块板用干硬性混凝土压制而成，表面原浆抹光，耐压强度高，色泽呈灰色，使用规格按设计要求而定。一般形状有正方体形、长方体形和多边六角体形。常用规格有495mm×495mm，路面块厚度不应小于100mm，人行道及庭院块厚度应大于50mm，要求外观尺寸准确，边角方正，无扭曲、缺楞、掉角，表面平整，强度不应小于20MPa或符合设计要求。

5. 地面砖用结合层材料

砖块地面与基层的结合层有用砂子、石灰砂浆、水泥砂浆和沥青胶结料等。砂结合厚度为20～30mm；砂浆结合层厚度为10～15mm；沥青胶结料结合层厚度为2～5mm，如图14-1所示。

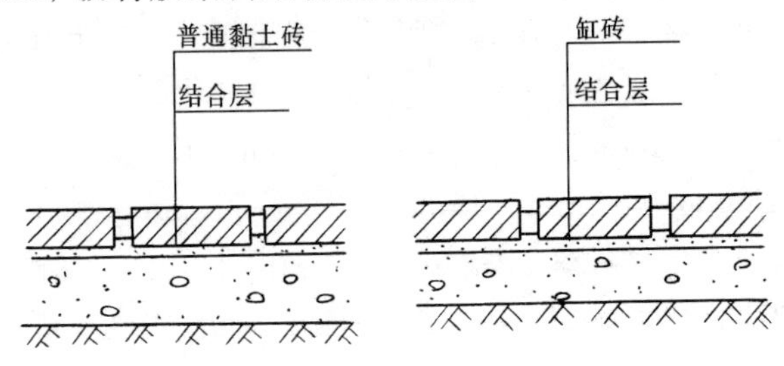

图14-1　砖面层

(1) 结合层用的水泥可采用普通硅酸盐水泥或矿渣硅酸盐水泥。

(2) 结合层用砂应采用洁净无有机质的砂，使用前应过筛，不得采用冻结的砂块。

(3) 结合层用沥青胶结料的标号应按设计要求经试验确定。

(二) 地面构造层次和砖地面适用范围

1. 地面的构造层次及作用

面层：直接承受各种物理和化学作用的地面或楼面的表

面层。

结合层（粘结层）：面层与下一构造层相连接的中间层，也可作为面层的弹性基层。

找平层：在垫层上、楼板上或填充层（轻质、松散材料）上起整平、找坡或加强作用的构造层。

隔离层：防止建筑地面上各种液体（含油渗）或地下水、潮气渗透地面等作用的构造层，仅防止地下潮气渗透地面也可称作防潮层。

填充层：在建筑地面上起隔声、保温、找坡或敷设管线等作用的构造层。

垫层：承受并传递地面荷载于地基上的构造层。

砖地面和楼面的构造层次见图 14-2 所示。

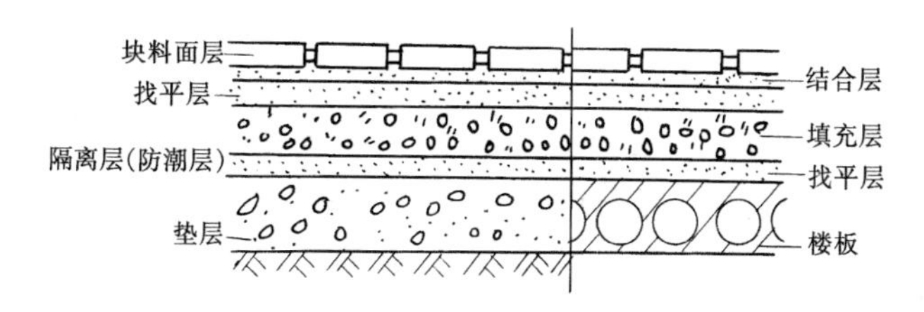

图 14-2　砖地面、砖楼面

2. 砖地面适用范围

（1）普通砖地面：室内适用于临时房屋和仓库及农用一般房屋的地面；室外用于庭院、小道、走廊、散水坡等。

（2）水泥砖：水泥平面砖适用于铺砌庭院、通道、上人屋面、平台等的地面面层；水泥格面砖适用于铺砌人行道、便道和庭院等外。水泥花砖适用于公共建筑物部分的楼（地）面，如盥洗室、浴室、厕所等。

（3）缸砖：缸砖面层适用于要求坚实耐磨、不起尘或耐酸碱、耐腐蚀的地面面层，如实验室、厨房、外廊等。

（4）预制混凝土大块板：混凝土大块板具有耐久、耐磨、施工工艺简单方便快速等优点，并便于翻修。常用于工厂区和住宅的道路、路边人行道和工厂的一些车间地面、公共建筑的通道、通廊等。

（三）地面砖铺砌施工工艺要点

1. 地面砖铺砌工艺流程

准备工作→拌制砂浆→摆砖组砌→铺砌地面砖→养护、清扫干净。

2. 铺砌工艺要点

（1）准备工作

1）材料准备：砖面层和板块面层材料进场应作好材质的检查验收，查产品合格证，按质量标准和设计要求检查规格、品种和标号。按样板检查图案和颜色、花纹，并应按设计要求进行试拼。验收时对于有裂缝、掉角和表面有缺陷的板块，应予剔出或放在次要部位使用。品种不同的地面砖不得混杂使用。

2）施工准备：地面砖在铺设前，要先将基层面清理，冲洗干净，使基层达到湿润。砖面层铺设在砂结合层上之前，砂垫层和结合层应洒水压实，并用刮尺刮平。砖面层铺设在砂浆结合层上的或沥青胶结料结合层上的，应先找好规矩，并按地面标高留出地面砖的厚度贴灰饼，拉基准线每隔1m左右冲筋一道，然后刮素水泥浆一道，用1∶3水泥砂浆打底打平，砂浆稠度控制在30mm左右，其水灰比宜为0.4～0.5。找平层铺好后，待收水即用刮尺板刮平整，再用木抹子打平整。对厕所、浴室的地面，应由四周向地漏方向做放射形冲筋、并找好坡度。铺时有的要在找平层上弹出十字中心线，四周墙上弹出水平标高线。

（2）拌制砂浆

地面砖铺筑砂浆一般有以下几种：

1）1∶2或1∶2.5水泥砂浆（体积比），稠度25～35mm，适用于普通砖、缸砖地面。

2）1∶3 干硬性水泥砂浆（体积比）以手握成团，落地开花为准，适用于断面较大的水泥砖。

3）M5 水泥混合砂浆，配比由试验室提供，一般用作预制混凝土块粘结层。

4）1∶3 白灰干硬性砂浆（体积比），以手握所团、落地开花为准。用作路面 250mm×250mm 水泥方格砖的铺砌。

（3）摆砖组砌

地面砖面层一般依砖的不同类型和不同使用要求采用不同的摆砌方法。普通砖的铺砌形式有“直行”、“对角线”或“人字形”等，如图 14-3 所示。在通道内宜铺成纵向的“人字形”，同时在边缘的一行砖应加工成 45°角，并与地坪边缘紧密连接，铺砌时，相邻两行的错缝应为砖长度 1/3～1/2。水泥花砖各种图案颜色应按设计要求对色、拼花、编号排列，然后按编号码放整齐。

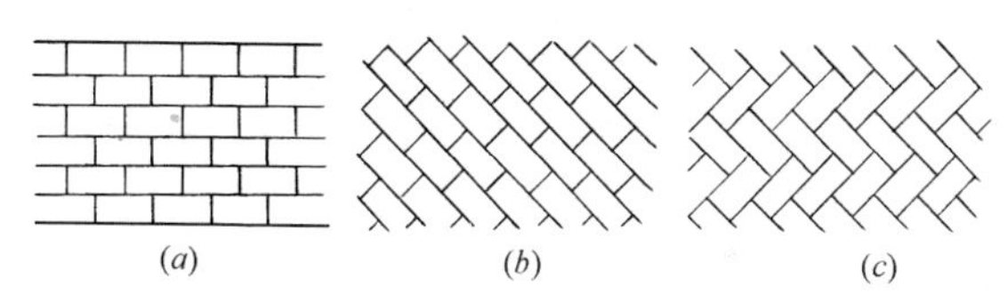

图 14-3　普通黏土砖铺地形式

（a）直行；（b）对角线；（c）人字形

缸砖、水泥砖一般有留缝铺贴和满铺砌法两种，应按设计要求造反铺砌方法。混凝土板块以铺满砌法铺筑，要求缝隙宽度不大于 6mm。当设计无规定时，紧密铺贴缝隙宽度宜为 1mm 左右；虚缝铺贴缝隙宽度宜为 5～10mm。

（4）普通砖、缸砖、水泥砖面层的铺筑

1）在砂结合层上铺筑：按地面构造要求基层处理完毕，找平层结束后，即可进行砖面层铺砌。

① 挂线铺砌：在找平层上铺一层 15～20mm 厚的黄砂，并洒水压实，用刮尺找平，按标筋架线，随铺随砌筑。砌筑时上楞

跟线以保证地面和路面平整，其缝隙宽度不大于 6mm，并用木槌将砖块敲实。

② 填充缝隙：填缝前，应适当洒水并将砖拍实整平。填缝可用细砂、水泥砂浆。用砂填缝时，可先用砂撒干路面上，再用扫帚扫入缝中。用水泥砂浆填缝时，应预先用砂填缝至一半的高度，再用水泥砂浆填缝扫平。

2）在水泥或石灰砂浆结合层上铺筑

① 找规矩、弹线：在房间纵横两个方向排好尺寸，缝宽以不大于 10mm 为宜，当尺寸不足整块砖的位置时，可裁割半块砖用于边角外：尺寸相差较小时候，可调整缝隙。根据确定后的砖数和缝宽，在地面上弹纵横控制线，约每隔 4 块砖弹一根控制线，并严格控制方正。

② 铺砖：从门口开始，纵向先铺几行砖，找好规矩（位置及标高）以此为筋压线，从里面向外退着铺砖，每块砖要跟线。在铺设前，应将水泥砖浸水湿润，其表面无明水方可铺设，结合层和板块应分段同时铺砌。铺砌时，先扫水泥浆于基层，砖的背面朝上，抹铺砂浆，厚度不小于 10mm，砂浆应随铺随拌，拌好的砂浆应在初凝前用完。将抹好灰的砖，码砌到扫好水泥浆的基层上，砖上楞要跟线，用木槌敲实铺平。铺好后，再拉线修正，清除多余砂浆。板块间和板块与结合层间，以及在墙角、镶边和靠墙边，均应紧密贴合，不得有空隙，亦不得在靠墙处用砂浆填补代替板块。

③ 勾缝：面层铺贴应在 24h 内进行擦缝、勾缝和压缝工作。缝的深度宜为砖厚的 1/3，擦缝和勾缝应采用同品种、同强度等级、同颜色的水泥。分缝铺砌的地面同 1：1 水泥砂浆勾缝，要求勾缝密实，缝内平整光滑，深浅一致。满铺满砌法的地面，则要求缝隙平直，在敲实修好的砖面上撒干水泥面，并用水壶浇水，用扫帚将其水泥浆扫放缝内。亦可用稀水泥浆或 1：1 稀水泥砂浆（水泥：细砂）填缝。将缝灌满并及时用拍板拍振，将水泥浆灌实，同时修正高低不平的砖块。面层溢出的水泥浆或水泥

砂浆应在凝结前予以清除，待缝隙内的水泥凝结后，再将面层清理干净。

④ 养护：普通砖、缸砖、水泥砖面层如果采用水泥砂浆作为结合层和填缝的，待铺完砖后，在常温下24h应覆盖湿润，或用锯末浇水养护，其养护不宜少于7d。3d内不准上人。整个操作过程应连续完成，避免重复施工影响已贴好的砖面。

3）在沥青胶结料结合层上铺筑

① 砖面层铺砌在沥青胶结料结合层上与铺砌在砂浆结合层上，其弹线、找规矩和铺砖等方法基本相同。所不同的是沥青胶结料要经加热（150～160℃）后才可摊铺。铺时基层应刷冷底子油或沥青稀胶泥，砖块宜预热，当环境温度低于5℃时，砖块应预热到40℃左右。冷底子油刷好后，涂铺沥青胶结料，其厚度应按结合层要求稍增厚2～3mm，砖缝宽为3～5mm，随后铺砌砖块并用挤浆法把沥青胶结料挤入竖缝内，砖缝应挤严灌满，表面平整。砖上楞跟线放平，并用木槌敲击密实。

② 灌缝：待沥青胶结料冷却后铲除砖缝口上多余的沥青，缝内不足处再补灌沥青胶结料，达到密实。填缝前，缝隙应予以清理，并使之干燥。

（5）混凝土大块板铺筑路面

1）找规矩、设标筋：铺砌前，应对基层验收，灰土基层质量检验宜用环刀取样。如道路两侧须设路边侧石应拉线、挖槽、埋设混凝土路边侧石，其上口要求找平、找直。道路两头按坡向要求各砌一排预制混凝土块找准，并以此作为标筋，铺砌道路预制混凝土大块板。

2）挂线铺砌：在已打好的灰土垫层上铺一层25mm厚的M5水泥混合砂浆，随铺浆随铺砌。上楞跟线以保证路面的平整，其缝宽不应大于6mm，并用木槌将预制混凝土块敲实。不得采用向底部填塞砂浆或支垫砖块的找平方法。

3）灌缝：其缝隙应用细干砂填充，以保证路面的整体性。

4）养护：一般养护3～5d，养护期间严禁开车重压。

（四）应预控的质量问题

1. 地面标高错误

地面标高的错误大多出现在厕所、盥洗室、浴室等处。主要原因是：楼板上皮标高超高；防水层或找平层过厚。

预防措施：在施工时应对楼层标高认真核实，防止超高，并应严格控制每遍构造层的厚度，防止超高。

2. 地面不平、出现小的凹凸

造成此问题的原因是：砖的厚度不一致，没有严格挑选，或砖面不平，或铺贴时没有敲平、敲实，或上人太多养护不利。

解决办法：首先要选好砖，不合规格、不标准的砖一定不能用。铺贴时要砸实，铺好地面后封闭入口，常温 48h 锯末养护后方可上人操作。

3. 空鼓

面层空鼓的主要原因是基层清理不净，浇水不透，早期脱水所致；另一原因上人过早，粘结砂浆未达强度而受到外力振动，使块材与粘结层脱离空鼓。

解决办法：加强清理及施工前基层的检查，注意控制上人施工的时间，加强养护。

4. 黑边

原因是不足整块时，不切割半砖或用小条铺贴而采用砂浆修补，形成黑边影响观感。

解决办法：按规矩进行砖块的切割铺贴，砖块切割尺寸按实量尺寸。

5. 路面混凝土板块松动

原因是砂浆干燥、影响粘结度，夏期施工浇水养护不足、早期脱水。

解决办法：铺设时应边铺砂边码砌边砸实，砂浆铺面不宜过大，阻止砂浆在未铺砌砖时已干燥，夏期施工必须浇水养护 3d，养护期内严禁车辆滚压和堆物。

（五）质 量 标 准

1. 面层所用板块的品种、质量必须符合设计要求；面层与基层的结合（粘结）必须牢固、无空鼓（脱胶）。

2. 允许偏差项目

普通砖、水泥砖、缸砖地面的允许偏差见表 14-1。

普通砖、水泥砖、缸砖地面的允许偏差　　表 14-1

项次	项　目	水泥花砖	缸砖、大小泥砖	普通砖		检 验 方 法
				砂垫层	水泥砂浆垫层	
1	表面平整度	3	4	8	6	用 2m 靠尺及楔形塞尺检查
2	缝格平直	3	3	8	8	拉 5m 线，不足 5m 拉通线和尺量检查
3	接缝高低差	0.5	1.5	1.5	1.5	尺量及楔形塞尺检查
4	板块间隙宽度不大于	2	2	5	5	尺量检查

预制混凝土大块板和水泥方格砖路面允许偏差见表 14-2。

预制混凝土大块和水泥方格砖路面允许偏差　　表 14-2

项　目	允许偏差（mm）	检查方法
横　坡	0.2/100	用坡度尺检查
表面平整度	7	用 2m 靠尺及楔形塞尺检查
接缝高低差	2	用直尺和楔形塞尺检查

操作技能训练

1. 铺砌砖地面

用水泥花格砖铺砌人行道。基层采用普通砂垫层，水泥花格砖直接铺砌在砂垫层上，根据花格砖实际情况统一设计图案。每个学员用200块水泥花格砖进行训练。要求缝隙宽度一致，对缝整齐，接缝平整，图案拼花符合设计要求。

2. 铺筑乱石路面

每个学员进行1m×3m乱石路面铺筑训练。

(1) 每个学员选取$3m^2$。

(2) 训练铺筑选择在砂滩上最好，可以直接用砂做基层。

(3) 铺筑完后用黏土砂浆勾缝。

十五、目前砌筑工程的新材料和发展方向

随着国民经济、科学技术和城乡建设的发展，新型建筑材料有了较快的进展，在砖石结构材料方面，也涌现出不少新材料、有的正在推广，有的已作为替代产品。针对新的墙体材料，在施工工艺方面也提出了相应的要求。随着房屋要求的多功能化和节能、节地，利用三废的需要，墙体材料的改革，必将进一步深入发展。

（一）砌筑用的新材料

砌筑用的新材料已涌现出烧结多孔砖、空心砖、混凝土空心砌块、石膏砌块、GRC 墙板等，而多孔砖、空心砖和空心砌块已在前文中作了介绍，现介绍石膏砌块、GRC 墙板。

1. 石膏砌块

石膏砌块是以熟石膏为主要原料，经料浆拌合、浇注成型、自然干燥或烘干等工艺制成的轻质隔墙块型材料。石膏砌块具有质轻、防火、隔热、隔声和调节室内温度的良好性能。砌块的强度一般大于 5MPa，可锯、钉、铣和钻，易于加工，表面平坦光滑，不用墙体抹灰，施工简便。石膏砌块规格表见表 15-1。

石膏砌块规格表 **表 15-1**

项　　目	规　　格	允许偏差（mm）
长　度	666	±3
宽　度	500	±2
厚　度	60、80、90、100、110、120	±1.5

2. GRC 空心隔墙板

GRC 空心隔墙板具有轻质、高强、耐火、保温、防潮、隔声等特点，施工简便，装拆方便，可加工性好（可锯、可钉、可钻）。GRC 空心隔墙板产品规格见表 15-2。

产品规格表 表 15-2

序　号	规格（mm）	孔　数	孔径（mm）
1	2000～3000×600×60	10	ϕ45
2	2000～3000×600×90	7	ϕ60
3	2000～3000×600×62	9	ϕ38
4	2000～3000×600×92	7	ϕ60
5	2000～3000×600×122	18	ϕ38
6	特殊规格可按图定制		

GRC 空心隔墙板用途及应用技术要点如下：

（1）GRC 空心隔墙板可广泛用于多层及高层建筑的分室、分户及厨房、卫生间等非承重隔墙板部位及低层建筑的非承重外墙。还可用于建造各种简易快装房和旧建筑加层等。

（2）室内地面完成后即可放线、定位、粘板，并随时挂直靠平。板端 791 胶液一道，用 791 石膏胶泥粘结，板下留 20～30mm 安装缝，整板下端用小木楔顶紧，用 C20 细石混凝土堵严。板侧均以 791 胶泥粘结，板缝用胶泥刮平，有门窗处应与门窗框同时安装。

（3）电气安装可在板孔中敷线再安装开关插座等，可作成明线或暗线安装。

（4）木门窗框与板固定，采用板内预埋木块。板与钢窗门框连接采用在板内敷设“Π”型钢板焊锚固筋与钢门窗焊接。

（二）墙体改革的途径与方向

墙体材料改革与建筑节能是为了贯彻保护不可再生的土地资

源、节约能源、保护环境的基本国策。近年来，国家和地方相继了出台了一系列墙体改革政策和法规，进一步推动墙体改革工作的深入发展。

1. 墙体改革的必要性

烧结黏土砖在我国已经有几千年的历史，目前我国还有房屋建筑仍以它作为墙体的主要材料，表明我国的建筑业仍处于比较落后的状态。墙体改革应从改革传统烧结黏土砖入手，主要的理由是：

（1）烧结黏土砖大量占用农田，这对我国人多地少的状况来说很不利，也给农业发展和生态环境带来不利影响。

（2）烧结黏土砖在施工中，劳动强度较大，由于体积小，须经过频繁操作才能完成一个单位体积量、工效低、产值少，工人还容量患腰肌劳损的职业病。

（3）烧结黏土砖单位体积的重量大，造成建筑物自重大，限制了房屋向高空发展，增加了基础荷载和造价。

（4）烧结黏土砖制作时能耗大，而砖体为实心砖时导热系数大，造成房屋的保温性能差。

2. 改革砌体结构的材料

砌体结构材料的发展方向是高强、轻质、大块、节能、利废、经济。由此，我国建材工业积极发展，开发了较多的新型砌体材料，并在应用中取得了一定的社会效益和经济效益。

目前在利用工业废料方面，发展和生产了粉煤灰砌块和加报轻质粉煤灰砌块；在煤炭工业方面利用煤矸石磨细烧结砌块；其他还有蒸压加气混凝土砌块、轻型石膏板砌块等，为砌体结构增添了新的内容，为提高施工生产效率、节约能耗、减轻劳动强度，提供了有利条件。

3. 积极推广砌块建筑

砌块建筑尤其是较大型的砌块建筑，在我国 20 世纪 70 年代已经发展并使用。砌块建筑对改变用黏土砖建造住宅、办公楼及小型公共建筑是很好的途径。从提高社会、经济效益和节能、利废的原则出发发展砌块建筑是墙体改革的一个方向。

4. 逐步完善工业化建筑体系

实现建筑工业化，形成各种新的建筑体系，是墙体改革的根本途径，也是砖石工程向新技术、新工艺方向发展的必由之路。

（1）大模板建筑体系

1）内浇外砌形式：外墙用砖砌筑，内墙为现浇混凝土墙板，砖与混凝土墙板交接处砌成大锯齿槎咬合。

2）外挂内浇形式：外墙用预制好的轻质墙板（可以用陶粒混凝土，也可用轻质材复合板），经机械吊装安装好后，内墙用大模板支模浇灌混凝土墙板。

3）内外墙均用大模板支模，然后浇灌混凝土。这种形式整体性好，开间比较灵活，还可以做成大开间的房间，便于室内使用功能的调整。

（2）大板建筑体系：这种体系主要是把墙板全部进行工厂或工地预制加工，设计和制作时按平面布置图编号。它的优点是可以提高机械化水平，通过机械吊装、拼装，然后在节点处浇灌混凝土。该体系适用于住宅、办公用房等多层建筑。该体系施工工地的工作量可以减少、施工速度快、工期短，且不受季节的影响。但这种体系成本相对较高、用钢量大、预制成的墙板需用大型机械设备运输和吊装。

（3）轻板框架体系：轻板框架体系和大模板体系几乎是同时发展起来的，这种体系的优点是质轻、内墙布置比较灵活。在框架形成后，内外墙均可用轻质材料建造。比如内墙可以用石膏板隔断、碳化板隔断、家具式隔断等，也可以根据用户的要求灵活变化。

十六、古建筑的基本构造

中国古代建筑在世界建筑中独具一格，自成体系，几千年来以其独特的构造，壮观美丽的外形享誉于世界。作为千年文明古国的一员，我们砌筑工应当了解中国古建筑。

中国古建筑的构造大致分为两类，一类是以木结构为骨架，以砖砌围护和隔断墙形成房屋的木构架建筑。另一类是砖石建筑，采用砖拱形成屋盖及空间，墙体承重，此类建筑比较粗壮，显得笨重。在这里，我们主要介绍木构架建筑，该建筑主要由台基、木构架、墙体、屋盖、装修和彩色等几部分组成。

1. 台基和台明

台基是房屋建筑的基础，露出自然地坪的部分称之为台明。台明也是中国古建筑中的一个特征。

台基的构造是四面为砖墙（或条石），里面填土，上面墁方砖的一个台座。台基外部四面墙之内，按木构架上柱子的部位用砖砌磉墩和拦土。磉墩是柱子下砌砖的基础，柱子安放在磉墩上头的柱顶石上。拦土是磉墩与磉墩之间，按开间（面阔）或进深砌成的同磉墩一样高的砖墙，如图 16-1 所示。

台明须有台阶，此台阶石古称踏跺。踏跺中最下面的一级，稍稍露出地面与土衬平的一块石称为砚窝石。踏跺两边的坡石称为垂带石。

2. 木构架

木构架由柱、梁、檩、椽子、枋、斗栱等组成。

（1）柱：柱一共有 5 种，分别称为檐柱、金柱、中柱、山柱、童柱。它的功能是承受竖向的上部荷载。各类柱的平面位置可参见图 16-2 所示。

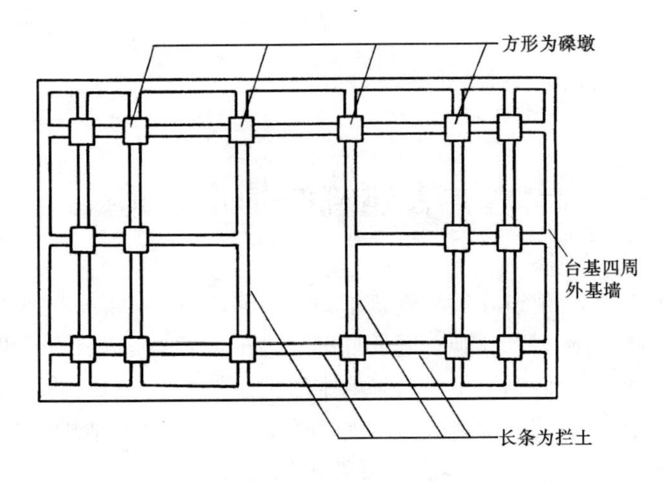

图 16-1　台基地下部分平面示意图

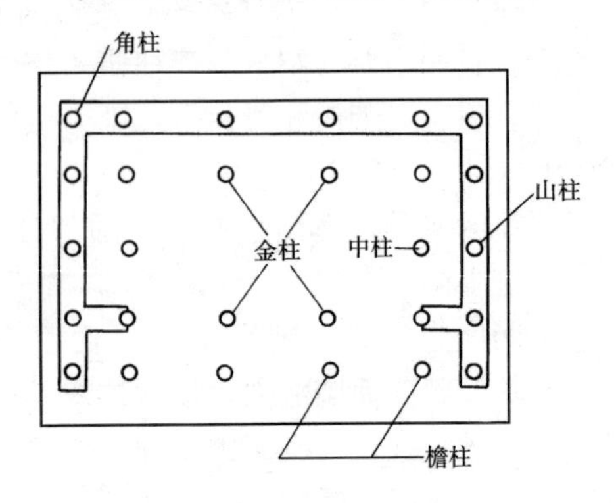

图 16-2　古建筑中柱的平面位置

（2）梁：它的功能是承担由上面桁檩传下来的屋面荷载，再由它传到柱子上去。在古建筑中根据房屋大小的不同，梁也有不同的层次，而分为一架梁、二架梁等。承重受力的梁称为柁梁，它两端支承在金柱之上。其次还有设于金柱和檐柱之间的短梁，它一般不承受荷载，而是起拉结作用。

（3）枋：除梁之外还有连贯于两柱之间的横木，多数为方木，称之为枋。枋的可使木构架的整体性得到加强。

（4）桁、檩：桁、檩都是两端支于梁上，承受上部椽子传来的荷载的构件。它的称谓不同是因为古建筑中有大式大木作与小式大木作之分，在大式大木作中称此类构件为桁；在小式大木作中则称为檩。

（5）椽子：椽子是用圆的或方的木条，密密地排列在桁、檩之上，平面上它与桁、檩互相垂直，交错接头钉牢于桁、檩上。它承受望板或望砖和上面瓦的荷重。

（6）斗栱：斗栱是中国古建筑所特有的构件。它是大的建筑中柱与屋顶间的过渡部分，其功用是承托挑出的屋檐，将挑出的部分的重量直接传到柱子上，或间接通过额枋再传到柱子上。凡重要建筑或带纪念性的建筑，大多都有斗栱，其形状如图 16-3 所示。

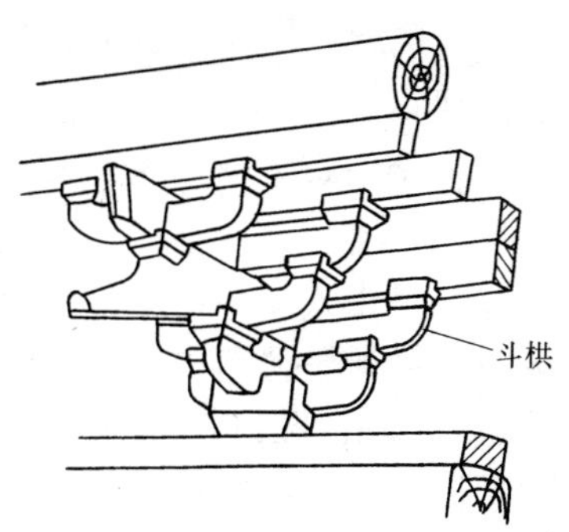

图 16-3　斗栱形状示意图

3. 墙体

在工程中属于砖瓦工艺的。在古时称为“瓦作”的，就是砌筑墙体和屋盖上苫脊和瓦。墙体在木构架类的建筑中主要起围护和分隔作用。在一座古建筑中，各部分墙壁的名称，多依柱子的地位而定。一般可分为山墙、檐墙、槛墙、廊墙、夹山墙和院墙等。

由于外形、艺术形式等不同又有：看面墙、花墙、云墙、罗汉墙、八字墙、影壁墙等；由于功能不同而分为：拦土墙、迎水墙、护身墙、夹壁墙、女儿墙、月墙、城墙、金刚墙等。

在墙身本身上，由于位置及厚度不同在砌筑中其名称也不同。如山墙部位墙身上部称上身，下部称下碱。下碱要求材料较好，相当于现在建筑中的墙裙或高勒脚。它的高度一般为檐柱高度的 1/3。内墙部分其下部厚出的部分称为裙肩。其高度也为檐柱高度的 1/3。

4. 屋盖（屋顶结构）

屋盖包括屋顶的木结构和铺设的防水层和瓦屋面。古建筑的屋盖往往由于木构架的造型不同而有所区别。最常见的有四种类型，这种四种木构架形式成为四种屋盖造型不同的架子，在这些“架子”上铺筑瓦屋面做成四种不同的屋盖名称：

（1）庑殿式屋顶：它是一种屋顶前后、左右、四面都有斜坡落水的建筑。

（2）硬山式屋顶：这类屋顶只有前后坡，两端头是山墙封头的房屋。

（3）悬山式屋顶：它与硬山式一样只有前后两坡，所不同的是木架中的檩条伸出山墙，形成悬挑的出檐，故名为悬山屋顶。

（4）歇山式屋顶：这类屋顶可以说是悬山和庑殿相结合的形式。

这四类屋顶的形状如图 16-4 所示。

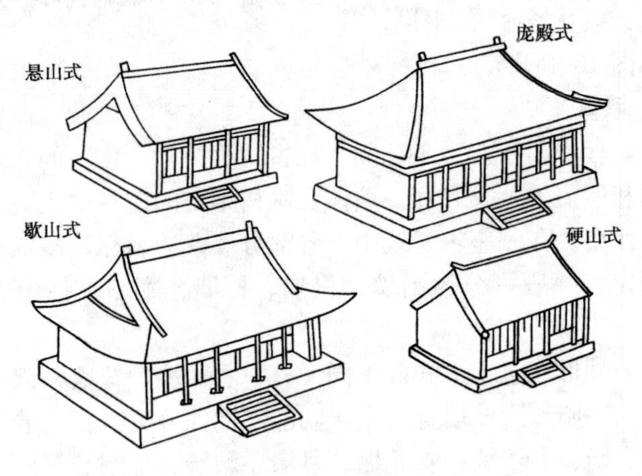

图 16-4　古建筑屋顶形式

在屋顶上铺瓦，在形式上也分为两大类。一类称为大式，一类称为小式。

大式屋顶瓦作的特点是用筒瓦骑缝，脊上有特殊的脊瓦，如吻、兽等，材料用筒瓦或琉璃瓦。主要适合大的宫廷、殿宇的建筑屋顶。

小式屋顶瓦作就没有吻、兽等装饰，屋面多用青瓦，主要用在民居屋顶。

脊，也是古建筑屋顶的特色之一。大式瓦作的屋面筑脊有正脊、垂脊之分，小式瓦作只有正脊。

5. 装修

装修在古建筑中是特指木门窗和木装饰等构造。

6. 彩色

彩色即颜色，它反映建筑物的色调。

十七、砌筑工程的季节施工

砌体工程大多是露天作业，直接受到气候变化的影响。当砌筑工程在正常气温时期，通常只要按照常规的施工方法进行施工，没有特殊要求和技术措施。而在气温较低的冬期，天气多雨的时节，炎夏和台风时期由于天气变化的客观因素，则在施工中要采取一定的技术措施，才能维持继续施工和保证砌筑工程的质量。

（一）冬 期 施 工

当室外日平均气温连续 5d 稳定低于 5℃时，或当日最低气温低于 0℃时，砌筑施工属冬期施工阶段。

冬期砌砖突出的问题是砂浆遭受冰冻，砂浆中的水在 0℃以下结冰，使水泥得不到水分而不能“水化”，砂浆不能凝固，失去胶结能力而不具有强度，使砌体强度降低，或砂浆解冻后砌体出现沉降。冬期施工方法，就是要采取有效措施，使砂浆达到早期强度，既保证砌筑在冬期能正常施工又保证砌体的质量。

1. 冬期施工的一般要求

（1）对施工材料的要求

1）砌体用砖或其他块材不得遭水浸冻，砌筑前应清冰霜。

2）砂浆宜采用普通硅酸盐水泥拌制。

3）石灰膏、黏土膏和电石膏等应防止受冻。如遭冻结，应经融化后方可使用；受冻而脱水风化的石灰膏不可使用。

4）拌制砂浆所用的砂，不得含有冰块和直径大于 10mm 的冻结块。

5）拌合砂浆时，宜采用两步投料法。水的温度不得超过80℃，砂的温度不得超过40℃，当水温超过规定量，应将水和砂先行搅拌，再加水泥，以防出现假凝现象。

6）冬期施工不得使用无水泥配制的砂浆。

（2）冬期砌筑的技术要求

1）要做好冬期施工的技术准备工作，如搭设搅拌机保温棚；对使用的水管进行保温：有的要砌筑一些工地烧热水的简易炉灶；准备保温材料（如草帘等）；购置抗冻掺加剂（如食盐和氯化钙）；准备烧热水用的燃料等。

2）普通砖、空心砖在正温条件下砌筑时，应适当浇水湿润；而在负温条件下砌筑时，如浇水确有困难，则必须适当增大砂浆的稠度。而对抗震设计烈度为9度设防的建筑物，普通砖和空心砖无法浇水湿润时，又无特殊措施，那么不得砌筑。

3）冬期施工砂浆向稠度适当增大的参考值可见表17-1。

冬期砌筑用砂浆的稠度 **表17-1**

砌体种类	稠度（cm）
砖砌体	8～13
人工砌的毛石砌体	4～6
振动的毛石砌体	2～3

4）基础砌筑施工时，当地基土为不冻胀性土时，基础可在冻结的地基上砌筑；地基土为冻胀性时，必须在未冻的地基上砌筑。在施工时和回填土之前，均应防止地基土遭受冻结。

5）砌筑工程的冬期施工，一般应以采用掺氯盐砂浆法为主。而对保温、绝缘、装饰等方面有特殊要求的工程，可采用冻结法或其他施工方法。

6）冬期砌筑砖石结构时对所用的砂浆温度要求如下：

① 采用氯盐砂浆法、掺外加剂法和暖棚法时，不应低于5℃。

② 采用冻结法时，应按表17-2的规定。

温度要求表 表 17-2

室外空气温度	0～－10℃	－11～－25℃	－25℃以下
砂浆使用最低温度	10℃	15℃	20℃

7）应采取措施尽可能减少砂浆在搅拌、运输、储放过程中的温度损失，对运输车和砂浆槽要进行保温。严禁使用已遭冻结的砂浆，不准单以热水掺入冻结砂浆内重新搅拌使用，也不宜在砌筑时向砂浆中随便掺加热水。

8）砖砌体的灰缝宜在 8～10mm，砂浆饱满，灰缝要密实，宜采用“三·一”砌筑法，以免砂浆在铺置过程中遭冻。冬期施工中，每天砌筑后应在砌体表面覆盖保温材料。

2. 冬期砌筑的主要施工方法

（1）掺氯盐砂浆法：掺氯盐砂浆是在砂浆中掺加氯化钠（即食盐），如气温更低时可以掺用双盐（即氯化钠和氯化钙）。掺盐是使砂浆中的水降低冰点，并能在空气负温下继续增长砂浆强度，从而也可以保证砌筑的质量，其掺盐量应符合表 17-3 的规定。

掺盐砂浆的掺盐量（占用水量的百分比） 表 17-3

项次	日最低气温			等于和高于－10℃	－11～－15℃	－16～－20℃	低于－20℃
1	单盐	氯化钠	砌砖	3	5	7	—
			砌石	4	7	10	—
2	双盐	氯化钠	砌砖	—	—	5	7
		氯化钙		—	—	2	3

注：1. 掺盐量以氯化钠和氯化钙计。

2. 日最低气温低于－20℃时，砌石工程不宜施工。

掺盐砂浆使用时，应注意以下几点：

1）砂浆使用时的温度不应低于 5℃；砌筑砂浆强度应按常温施工时提高一级。

2）若掺氯盐砂浆中掺微沫剂时，盐类溶液和微沫剂溶液必须在拌合中先后加入。

3）凡采用掺氯盐砂浆时，砌体中配置的钢筋应作防腐处理。

4）对于发电厂、变电所等工程；装饰要求较高的工程；湿度大于60%的工程；经常受高温（40℃以上）影响的工程；经常处于水位变化的工程，不可采用此法。因为砂浆中掺入氯盐类抗冻剂会增加砌体的析盐现象，使砌体表面泛白，增加砌体吸湿性，对钢筋、预埋螺栓有腐蚀作用。配筋砌体如用氯盐作抗冻剂，还须掺入亚硝酸钠作为抗冻砂浆的附加剂，或采用碳酸钾、亚硝酸钠或硫酸钠加亚硝酸钠作为抗冻剂。

（2）冻结法：冻结法是用不掺有任何化学附加剂的普通砂浆进行砌筑的一种施工方法。它利用砂浆在凝结前冻结时砖与砂浆牢在一起，用冰的强度支持砌体的初始稳定。而砂浆则要经历冻结、融化、硬性化三个阶段，在解冻之后，砂浆仍能继续增长强度与砖粘结牢，但其粘结力可有不同程度的降低，并且还可能出现砌体在融化阶段的变形。为此在冬期施工前（主要在寒冷地区）应与设计部门研究，对采用冻结法施工方案时，对原砖石房屋的设计进行补充验算和给予必要的补充设计，大致应考虑以下几点：

1）在砂浆解冻期内，所砌的墙体允许的极限高度。

2）在解冻期时，砖石结构需要采取的临时加固措施。

3）如果下一层墙壁需要加强时，应明确加强的方法。

所以在采用冻结法施工时，既要考虑砂浆融化时的砌体强度，又要考虑砌体发生沉降时的稳定。下列的一些结构不应采用冻结法：

1）乱毛石砌体、空斗墙砌体、受侧压力的砌体。

2）在解冻过程中会遭受相当大的动力作用或有振动作用的、形状不规则的砖石结构。

3）在解冻阶段承受偏心荷载和有较大偏心距的结构、解冻时不允许发生沉降的砌体。

4）外挑较大，大于 180mm 的挑檐、钢筋砖过梁、跨度大于 1.2m 的砖砌平碹。

5）砖薄壳、双曲砖拱、薄壁圆形砌体或薄型拱结构等。

冻结法施工时，砂浆使用时的温度不应低于 10℃；如设计无要求，而当日最低气温高于或等于－25℃时，对砌筑承重砌体的砂浆强度应按常温施工时提高一级；当日最低气温低于－25℃时，则应提高二级。

为了保证冻结法砌筑的砖石结构在解冻时的稳定性，一般应采取如下的加固措施：

1）在楼板水平面上墙的拐角处、交接处和交叉处每半砖设置一根 $\phi6$ 钢筋拉结筋，伸入相邻柱、墙中 1m 以上，在末端加弯钩，并用垂直短筋加以固定。

2）当每一层楼的砌体砌筑完结后，应及时安装（或浇筑）梁板或屋盖，当采用预制构件时，应将其端部锚固在墙砌体中，梁板与墙体间距不大于 10 倍砌体厚度。

3）支承跨度较大的梁、过梁及悬臂梁的墙，在冬季来临前应该在梁的下部加设临时支柱，并加楔子用以调整结构的沉降量。

4）门窗框的上部应预留砌体的沉降缝隙、宽度在砖砌体中不应小于 5mm。砌体中的孔洞、凹槽、接槎等在开冻前应填砌完毕。

此外，在采用冻结施工时应注意以下事项：

1）每天的砌筑高度及临时间歇处的砌体高度差，均不得大于 1.2m。

2）砌筑应采用满丁满条法，在门窗框上部应留出缝隙，其缝宽度在砖砌体中不应小于 5mm，在料石砌体中不应小于 3mm。

3）跨度大于 0.7m 的过梁，应采用预制构件。

4）砖砌体的水平灰缝厚度不宜大于 10mm。

5）在墙体和基础中，不允许留出未经设计部门同意的水平槽和斜槽；留置在砌体中的洞口和沟槽等，宜在解冻前填砌完毕。

6）墙砌体上如搁置大梁，则在梁端上部预留有10～20mm的空隙，以利解冻时砌体沉降。

7）解冻前，应把房屋中（楼板上）剩余的建筑材料、建筑垃圾等载重清理干净。

8）在解冻期间，应经常对砌体进行观测和检查，如发现裂缝、不均匀下沉等情形，应查清原因，并立即采取相应加固措施。

（二）雨期施工

雨期来临，对砌筑工艺来讲客观上增加了材料的水分。雨水不仅使砖的含水率增大，而且使砂浆稠度值增加并易产生离析。用多水的材料进行砌筑，会发生砌体中的块体滑移，甚至引起墙身倾倒；也会由于饱和的水使砖和砂浆的粘结力减弱，影响墙的整体性。因此在雨期施工，应作如下防范措施：

（1）该阶段要用的砖或砌块，应堆放在地势高的地点，并在材料面上平铺二、三皮砖作为防雨层，有条件的可覆盖芦席、苫面等，以减少雨水的大量浸入。

（2）砂子应堆在地势高处，周围易于排水。宜用中粗砂拌制砂浆，稠度值要小些，以适当多雨天气的砌筑。

（3）适当减少水平灰缝的厚度，皮数杆划灰缝厚度时，以控制在8～9mm为宜，减薄灰缝厚度可以减小砌体总的压缩下沉量。

（4）运输砂浆时要防雨，必要时可以在车上临时加盖防雨材料，砂浆要随拌随用，避免大量堆积。

（5）收工时应在墙面上盖一层干砖，防止突然的大雨把刚砌好的砌体中的砂浆冲掉。

（6）每天砌筑高度也应加以控制，一般要求不超过2m。

(7) 雨期施工时，应对脚手架经常检查防止下沉，对道路等采取防滑措施，确保安全生产。

（三）高温期间和台风季节施工

沿海一带夏季比较炎热，蒸发量大，气候相对干燥，与多雨期间正好相反，即容易使各种材料干而缺水。过于干燥对砌体质量亦为不利。加上该时期多台风，因此在砌筑中应注意以下几方面，以保证砌筑质量：

(1) 砖在使用前应提前浇水，浇水的程度以把砖断开观察，其周边的水渍痕应达 20mm 左右为宜，砂浆的稠度值可以适当增大些，铺灰时铺灰面不要摊得太大，太大会使砂浆中水分蒸发过快，因为温度高蒸发量大，砂浆易变硬，以致无法使用造成浪费。

(2) 在特别干燥炎热的时候，每天砌完墙后，可以在砂浆已初步凝固的条件下，往砌好的墙上适当浇水，使墙面湿润，有利于砂浆强度的增长，对砌体质量也有好处。

(3) 在台风时期对砌体不利的是在砌体尚不稳定的情况下经受强劲的风力。因此在砌筑施工时要注意以下几个方面：一是控制墙体的砌筑高度，以减少悬壁状态的受风面积，二是在砌筑中最好四周墙同时砌，以保证砌体的整体性和稳定性。控制砌筑高度以每天一步架为宜。因砂浆的凝固需要一定时间，砌得过高会因台风的风荷载引起砌体发生变形。再者，为了保证砌体的稳定性，脚手架不要依附在墙上；不要砌单堵无联系的墙体、无横向支撑的独立山墙、窗间墙、高的独立柱子等，如一定要砌，应在砌好后加适当的支撑，如木杆、木板进行加强，以抵抗风力的破坏。

在这里，我们根据规范规定，将砌筑中砌体遇大风时允许砌的自由高度列表 17-4，供读者参考。

以上所介绍的各种季节施工要求，属于一般普遍常用的方法，在实际工作中应根据具体施工的地区、具体的施工条件，灵活地制定砌筑施工措施。

墙和柱的允许自由高度（m） **表 17-4**

墙（柱）厚（mm）	砌体密度＞1600kg/m³（石墙、实心砖墙等）			砌体密度 1300～1600kg/m³（空心砖墙、空斗墙、砌块墙等）		
	风荷载（kN/m²）			风荷载（kN/m²）		
	0.3（约7级风）	0.4（约8级风）	0.5（约9级风）	0.3（约7级风）	0.4（约8级风）	0.5（约9级风）
190	—	—	—	1.4	1.1	0.7
240	2.8	2.1	1.4	2.2	1.7	1.1
370	5.2	3.9	2.6	4.2	3.2	2.1
490	8.6	6.5	4.3	7.0	5.2	3.5
620	14.0	10.5	7.0	11.4	8.6	5.7

注：1. 本表适用于施工处相对标高（H）在 10m 范围内的情况。如 10m＜H≤15m，15m＜H≤20m 时，表内值分别乘以 0.9、0.8 系数；如 H＞20m 时，应通过抗倾覆结算确定其高度。

2. 所砌墙有横墙或与其他结构连接，且间距小于表列限值的 2 倍时，其高度可不受本表限制。

十八、砌筑工程质量事故和安全事故的预防和处理

（一）质量事故的特点和分类

1. 工程质量事故的特点

质量事故是指在建筑工程施工中，凡质量不符合设计要求或使用要求，超出施工验收规范和质量评定标准所允许的误差范围的，或降低了设计标准的，一般都需返工或加固补强的，都称为工程质量事故。

质量事故可以由设计错误、材料、设备不合格、施工方法或操作过程错误所造成。具有其复杂性、严重性、可变性和多发性。

（1）复杂性：由于建筑施工生产的产品（工程）往往是固定的，而人员、物资是流动的，产品（工程）形式多样，结构类型不一，露天作业受自然条件影响，材料品种的多样或规格不一，交错施工、工艺要求不同，技术标准不同等特点，由于对质量问题的影响因素太多，因此造成质量事故的原因也是错综复杂的。

（2）严重性：工程质量事故，轻些的则要返工影响施工进度、拖延工期，损失人力、物力和资金；重的要加固处理，或留下隐患成为危房，不能安全使用或不能使用；更严重的则造成房屋倒塌，使人民的生命财产受到巨大损失，社会影响极坏，所以对工程质量十分重视，不能掉以轻心。

（3）可变性：这是指有些工程质量问题会随时间的变化而出现发展，成为质量事故。如结构上的裂缝，地基的沉降等。

(4) 多发性：这是指建筑工程中有些质量事故，像“常见病”和“多发病”一样经常发生，而成为所说的质量通病。因此施工操作中要吸取多发性（通病）的教训，认真总结加以预防和克服，这是很有必要的。

2. 质量事故的分类

(1) 按事故造成的后果分为：

1) 未遂事故：即通过自检发现问题，及时自行解决，而未造成什么损失的，称为未遂事故。

2) 已成事故：凡造成经济损失及不良后果者，则成为事故。

(2) 按事故发生的原因可分为：

1) 指导责任事故：如设计错误，交底错误（如错了混凝土配合比），操作指导错误等。

2) 操作责任事故：主要是操作者不按操作交底、操作规程、不按图施工等造成事故。

(3) 国务院《生产安全事故报告和调查处理条例》规定，根据生产安全事故（以下简称事故）造成的人员伤亡或者直接经济损失，事故一般分为以下等级：

1) 特别重大事故，是指造成30人及以上死亡，或者100人及以上重伤（包括急性工业中毒，下同），或者1亿元及以上直接经济损失的事。

2) 重大事故，是指造成10人及以上30人以下死亡，或者50人及以上100人以下重伤，或者5000万元及以上1亿元以下直接经济损失的事。

3) 较大事故，是指造成3人及以上10人以下死亡，或者10人及以上50人以下重伤，或者1000万元及以上5000万元以下直接经济损失的事故。

4) 一般事故，是指造成3人以下死亡，或者10人以下重伤，或者1000万元以下直接经济损失的事故。

（二）常见的质量通病及预防

1. 砂浆强度不足

（1）一定要按试验室提供的配合比配制。

（2）一定要准确计量，不能用体积比代替质量比。

（3）要掌握好稠度，测定砂的含水率，不能忽稀忽稠。

（4）不能用很细的砂来代替配合比中要求的中粗砂。

（5）砂浆试块要专人制作。

2. 砂浆品种混淆

（1）加强技术交底，明确各部位砌体所用砂浆的不同要求。

（2）从理论上弄清石灰和水泥的不同性质，水泥属水硬性材料，石灰属气硬性材料。

（3）弄清纯水泥砂浆砖砌体与混合砂浆砖砌体的砌体强度不同。

3. 轴线和墙中心线混淆

（1）加强审图学习。

（2）从理论上弄清图纸上的轴线和实际砌墙时中心线的不同概念。

（3）加强施工放线工作和检查验收。

4. 基础标高偏差

（1）加强基础皮数杆的检查，要使±0.000 在同一水平面上。

（2）第一皮砖下垫层与皮数杆高度间有误差，应先用细石混凝土找平，使第一皮砖起步时都在同一水平面上。

（3）控制操作的灰缝厚度，一定要对照皮数杆拉线砌筑。

5. 基础防潮层失效

（1）要防止砌筑砂浆当防潮层砂浆使用。

（2）基础墙顶抹防潮层前要清理干净，一定要浇水湿润。

（3）防潮层最好在回填土工序之后进行粉抹，以避免交错施工时损坏。

（4）要防止冬期施工时防潮层受冻而最后失效或碎断。

6. 砖砌体组砌混乱

（1）应使工人了解砖墙砌形式不仅是为了美观，主要是为了满足传递荷载的需要。因此墙体中砖缝接不得少于1/4砖长，外皮砖最多隔三皮砖就应有一层丁砖拉结（三顺一丁），为了节约，允许使用半砖，但也应满足1/4砖长的搭接要求，对于半砖应分散砌在非主要墙体中。

（2）砖柱的组砌，应根据砖柱截面和实际情况通盘考虑，但严禁采用包心砌法。

（3）砖柱横、竖向灰缝的砂浆必须饱满，每砌完一层砖，都要进行一次竖缝刮浆塞缝工作，以提高砌体强度。

（4）墙体组砌形式的选用，应根据所在部位受力性质和砖的规格尺寸误差而定。一般清水墙面常选用满丁满条和梅花丁的组砌方法；地震地区，为增强砌体的受拉强度，可采取骑马缝的组砌方法；砖砌蓄水池应采用三顺一丁的组砌方法；双面清水墙，如工业厂房围护墙、围墙等，可采用“三七缝”组砌方法。由于一般砖长为正偏差、宽为负偏差，采用梅花丁的组砌形式，能使所砌墙的竖缝宽度均匀一致。为了不因砖的规定尺寸误差而经常变动组砌形式，在同一工程中，应尽量使用同一砖厂的砖。

7. 砌体砂浆不饱满，饱满度不合格

（1）改善砂浆的和易性，确保砂浆饱满度。

（2）改进砌筑方法，取消推尺铺灰砌筑，推广“三·一”砌筑法，提倡“二三八一”砌筑法。

（3）反对铺灰过长的盲目操作，禁止干砖上墙。

8. 清水墙面游丁走缝

（1）砌清水墙之前应统一摆砖，并对现场砖的尺寸进行实测，以便确定组砌方法和调整竖缝宽度。

（2）摆砖时应将窗口位置引出，使砖的竖缝尽量与窗口边线相齐；如安排不开，可适当移动窗口（一般不大于2cm）。当窗口宽度不符合砖的模数（如1.8m宽）时，应将七分头砖留在窗口下部中央，以保持窗间墙处上下竖缝不错位。

（3）游丁走缝主要是由于丁砖游动引起，因此在砌筑时必须强调丁压中，即丁砖的中线与下层的中线重合。

（4）砌大面积清水墙（如山墙）时，在开始砌筑的几层中，沿墙角1m处，用线锤吊一次竖缝的垂直度，以至少保证一步架高度有准确的垂直度。

（5）檐墙面每隔一定间距，在竖缝处弹墨线，墨线用经纬仪或线锤引测。当砌到一定高度（一步架或一层墙）后，将墨线向上引测，作为控制游丁走缝的基准。

9. 砖墙砌体留槎不符合规定

（1）在安排施工操作时，对施工留槎应作统一考虑，外墙大角、纵横承重墙交接处，应尽量做到同步砌筑不留槎，以加强墙体的整体稳定性和刚度。

（2）不能同步砌筑时应按规定留踏步槎或斜槎，但不得留直槎。

（3）留斜槎确有困难时在非承重隔墙处可留锯齿槎，但应按规定，在纵横墙灰缝中预留拉结筋，其数量每半砖不少于1ϕ6钢筋，沿高度方向间距为500mm，埋入长度不小于500mm，且末端应设弯钩。

10. 水平灰缝厚度不均匀、超厚度

（1）砌筑时必须按皮数杆盘角拉线砌筑。

（2）改进操作方法，不要摊铺放砖的手法，要采用“三·一”操作法中的一揉动作，使每皮砖的水平灰缝厚度一致。

（3）不要用粗细颗粒不一致的“混合砂”拌制砂浆，砂浆和易性要好，不能忽稀忽稠。

（4）勤检查十皮砖的厚度，控制在皮数杆的规定值内。

11. 构造柱处墙体留槎不符合规定，抗震筋不按规范要求设置

（1）坚持按规定设置马牙槎，马牙槎沿高度方向的尺寸不宜超过 300mm（即五皮砖）。

（2）设抗震筋时应按规定沿砖墙高度每隔 500mm 设 2ϕ6 钢筋，钢筋每边伸入墙内不宜小于 1m。

12. 框架结构中柱边填充墙砌体留槎不符合规定，抗震筋设置不符合要求

（1）分清框架计算中是否考虑侧移受力，查清图纸中的节点大样及说明。

（2）设计中若考虑受侧移力作用时，按规定填充墙在柱边应砌筑马牙槎，并宜先砌墙后浇捣混凝土框架柱梁，并设置抗震钢筋，规格为 2ϕ6，抗震钢筋间距为沿框架柱高每 500mm 间隔置放，拉筋伸入墙内长度应满足规范要求（即根据地震设防烈度来确定长度）。

（3）其他情况也应设置抗震钢筋，其数量、间距和伸入墙的长度同上条，接槎是否用马牙槎可根据现场实际情况确定。

13. 内隔墙中心线错位

（1）必须坚持用龙门板上中心线拉到基础位置的方法，用设置中心桩来控制，不宜用基槽内排尺寸的方法来解决。

（2）各楼层的放线、排尺应坚持在同一侧面。

（3）轴线用一锤引吊或用经纬仪引，轴线应从底层开始，防止累积误差。

14. 墙体产生竖向和横向裂缝

（1）地基处理要按图施工，局部软弱土层一定要加固好，地基处理必须经设计单位及有关部门验收。

（2）凡构件在墙体中产生较大的局部压力处，一定要按图纸规定处理好。

（3）必须保证保温层的厚度和质量，保温层必须按规定分隔，檐口处的保温层必须铺过墙砌体的外边线。

15. 非承重墙或框架中填充墙砌体在先浇梁、后砌墙的情况下墙顶（梁底）砌法不符合要求

（1）在分清是否抗震设防的前提下，应按规定分别处理。

(2) 一般情况下墙砌体顶部（梁底）应用斜砖塞紧，斜砖与墙顶及梁底的空隙应用砂浆填实。

(3) 在抗震设防烈度较高的地区，应设置可靠的抗震拉结结筋，保证墙顶与梁有可靠的拉结。

（三）质量事故的处理

1. 质量事故的上报

质量事故发生以后，上报要及时、准确、实事求是，不可大事化小、小事化了。通过事故接受教育、吸取教训，避免再发生类似的事故。对重大质量事故，应及时向主管部门报告，并立即采取有效措施，防止事故的扩大。

2. 质量事故的处理

处理前要由施工单位、质检部门、技术部门、监理部门、质检部门和设计单位共同察看、研究、分析、制定方案，并办理规定的审批手续，按照被批准的整改方案认真、及时地处理，处理的过程要作好原始记录，包括文字和图像记录，并归入工程档案。

（四）安全事故的预防和处理

1. 一般要求

(1) 新工人进场前，必须要学习安全生产知识，熟悉安全生产的有关规定，树立“安全为了生产、生产必须安全”的思想，做到严格执行安全操作规程，自觉遵守安全操作规程。在进行高空作业前，要经过体格检查，经医生证明合格者，方可进行作业。

(2) 操作前必须检查道路是否畅通，机具是否良好，安全设施及防护用品是否齐全，符合要求后才可进行施工。

(3) 进入施工现场必须戴安全帽。脚手架未经验收不准使用。已经验收的脚手架，不应随意拆改，必须拆改时，应由架子工拆改。

（4）非机电设备操作人员不准擅动机械和接拆机电设备。

（5）施工现场或楼层的坑洞、楼梯间等处，应设置护身栏或防护盖板，并不得任意挪动。沟槽、洞口在夜间应设红灯示警。

2. 砌筑安全要求

（1）在基槽边的 1m 范围内禁止堆料，在架子上每平方米堆料重量不得超过 3kN；堆砖不得超过单行侧摆 3 层，丁头朝外堆放；毛石一般不得超过一层。在同一根排木上不准放两个灰斗。金属架子应按具体规定计算荷载，不能超载堆料。

（2）砖应预先浇水，但不准在地槽边或架子上大量浇水。

（3）在楼层上施工，但不准在地槽边或架子上大量浇水。

（4）垂直运输所用的吊笼、滑车、绳索、刹车、滚杠等必须牢固无损，满足负荷要求，且要在吊运时不得超载。发现问题，要及时修理。在吊件转动范围内不得有人停留，禁止料斗碰撞架子或下落时压住架子。

（5）跨越沟槽运输时，应铺宽度为 1.5m 以上的马道，沟宽如超过 1.5m，应由架子工支搭马道。平道两车运距不应小于 2m，坡道不小于 10m。在砖垛处取砖要先高后低，防止倒垛砸人。

（6）对运输道路上的零碎材料、杂物要经常清理干净，以免发生事故。

（7）砖、石砌筑要求

1）基础槽筑前，必须检查基槽。发现槽有塌方危险时，应及时进行加固，或进行清理后才可以进行砌筑。

2）基础槽宽小于 1m 时，应在站人的一侧留有 400mm 的操作宽度，砌筑深基础时，上、下基槽必须设工作梯或坡道，不得随意攀跳基槽，更不得踩踏砌体或从加固土壁的支撑处上下。

3）墙身砌筑高度超过地坪 1.2m 时，一般应由架子工搭设脚手架。采用里脚手架砌墙必须支搭安全网；采用外脚手架，应设护身栏和挡脚板。如利用原有架子作勾缝，应对架子重新进行检查和加固。在架子上运砖时，要向墙内一侧运，护身栏不得坐人。正在砌筑的墙顶上不准行走。

4）不准站在墙顶上刮缝、清扫墙面或检查大角垂直等，也不准站在墙上砌筑。

5）挂线用的垂线必须用小线绑牢固，防止下落砸人。

6）砌出檐砖时，应先砌丁砖。待后边牢固后再砌第二皮出檐砖。

7）过大的毛石要先破开。所有的大锤要检查锤头、锤柄是否牢固，操作人员要保持一定距离，石料的搬运应先检查石块有没有折断危险，要拿牢、放稳。

8）上、下架子时要走扶梯或马道，不得攀登架子。冬期施工时，架子上如有霜雪，应先清扫干净，方可进行操作。

（8）砌块砌筑

1）使用机械设备要有专人管理、专人操作。上班前必须对机具及电器设备进行检查，无误后才能进行施工。

2）吊装用的夹钳、钢丝绳等工具要经常检查维修，如有不牢固时，应停吊并更换。

3）砌块或构件吊起回转时要平稳，不要使物体在空中摇晃，防止重物坠落。

4）禁止将砌块堆放在脚手架上，遇有 5 级风以上的大风天气，应停止操作。冬期施工时须清扫冰雪后方能操作。

（9）高处砌筑

1）操作人员必须经体检合格后，才能进行高空作业。凡有高血压、心脏病或癫痫的工人，均不能上岗。

2）现场应划禁区并设置围栏，作出标志，防止闲人进入。

3）砌筑高度超过 5m 时，进料口处必须搭设防护棚，并在进口两侧作垂直封闭。砌筑高度超过 4m 时，要支搭安全网，对网内落物要及时清除。

4）垂直运、送料具及联系工作时，必须要有联系信号，有专人指挥。

5）遇有恶劣天气或6级风时，应停止施工。在大风雨后，要及时检查架子，如发现问题，要及时进行处理后才能继续施工。

3. 挂瓦安全要求

（1）坡顶屋面施工前应先检查安全设施，如护身栏杆或安全网牢固情况。

（2）冬期施工时，屋面上的霜雪必须清扫干净，并检查防滑措施等是否符合要求。上屋顶时不能穿硬底或易滑鞋。

（3）瓦片堆运要两坡同时堆放。采用传递法运瓦时，人要站在顺水条与挂瓦条的交接处，并注意防止被挂瓦条绊脚跌跤。传递小青瓦时，两脚应站在两块望板的接头处及椽子上，对碎瓦片等杂物应及时往下运，不能乱扔，以免伤人。

（4）进行屋脊施工时，小灰斗等工具要放置平稳，以免滚下伤人。

十九、估工估料的基本知识

估工估料就是估算一下为完成某一分部分项工程，需要多少人工和材料，是下达任务和考核人工、材料消耗情况以及进行两算（施工图预算与施工预算）对比的依据，首先按施工图和计算规则，计算工程量，然后套用劳动定额，材料消耗定额和机械台班使用定额，从而算出需用人工和材料数量。

（一）工程量的计算

工程量计算的依据是设计图纸规定的各个分部分项工程的尺寸、数量及构（配）件设备明细表和定额规定的工程量计算规则，其计量单位及工作内容应和定额相一致。

1. 砌体工程工程量计算的一般规定

（1）砌体的计算厚度按设计图纸标注尺寸，若采用普通砖时计算厚度应按表 19-1 的规定。

普通砖厚度计算 **表 19-1**

砌体厚	1/4 砖	1/2 砖	3/4 砖	1 砖	$1\frac{1}{2}$砖	2 砖	$2\frac{1}{2}$砖	3 砖
计算厚度（mm）	53	115	180	240	365	490	615	740

（2）砖石基础与墙身的砌体材料相同时其划分以室内地坪标高为界，若砌体材料不同时，材料分界线位于室内地坪±300mm以内时，以材料分界线为界。若分界线超过室内地坪±300mm 时，则以室内地坪为界。

（3）外墙基础长度按外墙中心线长度计算，内墙基础长度按内墙长度计算。

(4) 基础大放脚T形接头处重叠计算的体积不扣除，墙垛处基础大放脚宽出的部分不增加。

(5) 外墙长度按外墙中心线计算，高度按图示尺寸计算，如设计有檐口顶棚，墙高不到顶，又未注明高度尺寸，其高度算至屋架下弦底再加200mm。

(6) 内墙长度按内墙净长度计算，高度按图示尺寸计算。如设计有顶棚，墙高不到顶，又未注明高度尺寸者，其高度算至顶棚底面再加100mm。

(7) 各楼层砌墙用砖或主体砂浆强度等级不同者，应分别计算其工程量，但同一楼层内的砖垛、窗间墙、腰线、挑檐、砖拱、砖过梁、门窗套、窗台线等，使用砂浆强度等级与主墙不同者，其工程量不另计算。

(8) 山尖的工程量计算后可并入所在的墙内，女儿墙的工程量计算后可以并入相应的外墙工程量内。

(9) 计算砌墙工程量时应扣除门窗面积（以门窗框处围尺寸为准）嵌入墙内的钢筋混凝土柱、梁的体积，但梁头、板头、垫块、木墙筋等小型体积不予扣除；突出墙面的腰线、挑檐、压顶、窗台线、窗台虎头砖、门窗套、泛水槽、凹进墙内的管槽、烟囱孔、壁橱、暖气片槽、消火栓箱、开关箱所占的体积均不增减。

(10) 砖垛、附墙烟囱突出墙面的体积计算后并入所依附的墙身工程量内。

(11) 嵌入砌体的型钢、钢筋、铁件、墙基防潮层所占的体积和小于0.3m^2的窗孔洞不予扣除。

(12) 砖石墙勾缝按勾缝的墙面的垂直投影面积计算，扣除墙裙体灰的面积，不扣除门窗套、窗盘、腰线等局部抹灰和门窗洞口所占的面积，但门窗洞口的侧壁和墙垛侧面勾缝的面积亦不增加，独立砖柱、房上烟囱勾缝按柱身、烟囱身四周面垂直投晾面积计算。

2. 砌砖工程工程量计算的一般方法

（1）按顺时针方向计算外墙：应以建筑物平面图上角开始，依顺时针方向依次计算。

（2）按先横后纵，从上而下、从左到右的原则计算内墙。

（3）按轴线编号计算：根据建筑平面上的定位轴线编号顺序，从左而右及从下而上进行计算。

以上计算须要有计算书并列出计算式，以便于校对和审核。

（二）定额的套用

定额是一种标准，是在正常施工条件下完成一定计量单位分项工程的合格产品所必需的人工、机械设备台班、材料及其资金消耗的标准数量，是编制施工图预算、确定工程造价的依据。也是编制施工预算用工、用料及施工机械台班需求量的依据。

定额的种类很多，有概算指标、概算定额、预算定额、施工定额、工期定额、劳动定额、材料消耗定额和机械设备使用定额等。不同的定额在使用中作用出不完全一样，它们各有各的内容和用途。

在施工过程中经常接触到的是预算定额和劳动定额。对砌筑工班组来说，学习了解定额很有用处，特别是学习了解预算定额和劳动定额更有必要，能做到用工用料心中有数，为开展经济核算提供依据。

1. 预算定额

建筑工程预算定额是编制施工图预算，计算工程造价的一种定额。编制出的施工图预算又是建筑工程拨付款的依据，也是建设单位与施工单位签订合同、竣工决算的依据。

2. 劳动定额

劳动定额是直接向施工班下达单位产量用工的依据，也称人工定额。它反映了建筑工人在正常的施工条件下，按合理的劳动生产水平，为完成单位合格产品所规定的必要劳动消耗量的标准。

劳动定额由于表示的不同，可分为时间定额和产量定额两种。

（1）时间定额：就是某种专业、某种技术等级工人班组或个人在合理的劳动组织与合理使用材料，在正常工作的条件下，完成单位合格产品所需要的工作时间。它包括：准备与结束时间，基本生产时间，辅助生产时间，不可避免的中断时间以及工人必须的休息时间。时间定额以工日为单位，每一工日按 8h 计算，其计算方法如下：

单位产品时间定额（工日）＝1/每工产量

单位产品时间定额（工日）＝小组成员工日数的总和/台班产量

（2）产量定额：是指在人合理的劳动组织与合理使用材料、施工工具的条件下，某种专业、某种技术等级的工人班组或个人，在单位时间内（工日），所完成合格产品的数量。

产量定额以具体形象的工序产品数量为计量单位，如米（m）、平方米（m^2）、立方米（m^3）、吨（t）、块、件、根、扇、组、台等。其计算公式如下：

每工产量＝1/单位产品时间定额（工日）或

台班产量＝小组成员工日数的总和/单位产品时间定额（工日）

时间定额与产量定额互为倒数。即时间定额与产量定额的关系：

时间定额×产量定额＝1

（三）估工估料方法示例

在进行工料计算之前，首先根据施工图算出工程量。根据算出的工程量，套用相应的定额才能得出需要的工种工日量和需用的各种材料、构件、半成品数量。

【例】假设有一道高 2.1m、厚 240mm、长 250mm 的围墙，其中间每 5m 有一个宽 370mm、厚 120mm、高 2.1m 的附墙砖垛。墙顶有2层宽370mm的压顶，使用M5砌筑砂浆，配合比为每立方米中含水泥180kg、石灰膏150kg、砂1460kg。问该围墙要用多少砌筑工日、普工工日，要用多少砖、水泥、砂、石灰膏。具体计算如下：

1. 计算工程量

工程量可以按墙的断面分开计算。

（1）算上面2层砖的压顶，其工程量为：

$$0.37(m)\times0.12(m)\times250(m)=11.1m^3$$

（2）算墙身总量为：

$$2.1(m)\times0.24(m)\times250(m)=126m^3$$

（3）算附墙砖垛量为：

$$2.1(m)\times0.37(m)\times0.12(m)\times(250/5+1)=4.76m^3$$

将三项加起来就为围墙砌砖的工程量：

$$11.1+126+4.76=141.86m^3$$

2. 套定额计算用工用料

在安排计划时，用工量一般套用劳动定额，用料量套用预算定额后乘以一定的折扣取得。根据上面的工程量，分别计算需用工日和材料。

（1）计算工日：从《全国建筑安装工程统一劳动定额》查得砌砖每立方米用技工0.522工日，查得普通用工为0.514工日，因此需用技工工日为：

$$141.86(m^3)\times0.522\text{工日}/m^3=74.05\text{工日}$$

普通工工日为：

$$141.86(m^3)\times0.514\text{工日}/m^3=72.92\text{工日}$$

（2）计算用料：按四川省建筑工程计价定额第C部分。查得每立方米墙体需用标准砖553块，砂浆0.216m^3。根据题目给出条件，那么需用的材料分别如下：

用砖量为：$141.86\times553=78449$块

水泥为：$141.86\times0.216\times180=5516kg$

石灰膏为：$141.86\times0.216\times150=4519kg$

中砂为：141.86×0.216×1460＝44737kg

以上算出的预算定额数，在实际使用中为了减少浪费，下达限额用料时，要打0.95折扣，比较合理。这在各地情况不同，只要懂得计算原理就可以了。

二十、班组管理知识

班组管理就是把工人、劳动手段和劳动对象三者科学地结合起来，进行合理分工、搭配、协作，使之能够在劳动中发挥最大效率，通过科学管理的手段、采用先进施工工艺和操作技术，优质快速均衡安全地完成生产任务，故是一项综合性管理。

（一）班组管理的内容

（1）根据施工计划，有效地组织生产活动，保证全面完成上级下达的施工任务。

（2）坚持实行和不断完善以提高工程质量、降低各种消耗为重点的经济责任制和各种管理制度，抓好安全生产和文明施工及维护施工所必需的正常秩序。

（3）积极组织职工参加政治、文化、技术、业务学习、不断提高班组成员的政治思想水平和技术水平，增加工作责任心，提高班组的集体素质和人员的个人素质。

（4）广泛开展技术革新和岗位练兵活动，开展合理化建议活动，并努力培养“一专多能”的人才和操作技术能手。

（5）积极组织和参加劳动竞赛，扩大眼界、学习技术，在组内开展比、学、赶、帮活动。

（6）加强精神文明建设，搞好团结互助。

（7）开展和做好班组施工质量和安全管理。

（8）开好班组会，善于总结工作积累原始资料，如班组工作小组、施工任务书、考勤表、材料限额领料单、机械使用记录表、分项工程质量检验评定表等原始资料。

（二）班组的各项管理

1. 生产计划管理

（1）施工班组接受任务后，向班组成员明确当月、当旬生产计划任务，组织成员熟悉图纸、工艺、工序要求，质量标准和工期进度、准备好所需要使用的机具和工程用的材料等，为完成生产任务做好一切准备工作。

（2）组织班组成员实施作业计划，抓好班组作业的综合平衡和劳动力调配。

2. 班组的技术管理

（1）施工员进行技术交底

在单位工程开工前和分项工程施工前，施工员均要向班组长和工人进行技术交底。这是技术交底最关键的一环。交底的主要内容有：

1）贯彻施工组织设计、分部分项工程的有关技术要求。

2）将采取的具体技术措施和图纸的具体要求。

3）明确施工质量要求和施工安全注意事项。

（2）班组内部技术交底

在施工员交底后，班组长应结合具体任务组织全体人员进行具体分工，明确责任及相互配合关系，制订全面完成任务的班组计划。

（3）班组技术管理工作

班组的技术管理工作，主要由班组长全面负责，主要内容如下：

1）组织组员学习本工种有关的质量评定标准、施工验收规范和技术操作规程，组织技术经验交流。

2）学懂设计图、掌握工程上的轴线、标高、洞口等位置及其尺寸。

3）对工程上所用的砂、石、砖、水泥等原材料质量及砂浆、混凝土配合比，如发现有问题，应及时向施工员反映，严格把好材料质量使用关。

4）积极开动脑筋，找窍门，挖潜力，小改小革，提合理化建议等，不断提高劳动生产率。

5）保存、归集有关技术交底、质量自检及施工记录、机械运转记录等原始资料，为施工员收集工程资料提供原始依据。

3. 班组的质量管理

（1）树立“质量第一”和“谁施工谁负责工程质量”的观念，认真执行质量管理制度。

（2）严格按图、按施工验收规范和质量检验评定标准施工，确保工程质量符合设计要求。

（3）开展班组自检和上下工序互检工作，做到本工序不合格不让下道工序施工。

（4）坚持“五不”施工，即质量标准不明确不施工；工艺方法不符合标准不施工；机具不完好不施工；原材料不合格不施工；上道工序不合格不施工。

（5）坚持“四不”放过，即质量事故原因没查清不放过；无防范措施或未落实不放过；事故负责人和群众没有受到教育不放过；责任人未受到处罚不放过。

4. 班组的安全管理

砌筑工施工操作，现场环境复杂，劳动条件较差，不安全、不卫生的因素多，所以安全工作对施工班组尤为重要，为此施工班组要做好如下几项安全工作：

（1）项目上施工员在向班组进行技术交底的同时，必须要交代安全措施，班组长在布置生产任务的同时也必须交代安全事项。

（2）班组内设立兼职安全员，在班前班后要讲安全，并要经常性地检查安全，发现隐患要及时解决，思想不得麻痹。

(3) 定期组织班组人员学习安全知识，安全技术操作规程和进行安全教育。

(4) 严格实行安全施工，认真执行有关安全方面的法规。

安全施工的具体要求在第十八章中作介绍，可详见该章。

参 考 文 献

1. 建设部人事教育司. 砌筑工［M］. 北京：中国建筑工业出版社，2002.

2. 中华人民共和国住房和城乡建设部. GB 50203—2011 砌体工程施工质量验收规范［S］. 北京：中国建筑工业出版社，2011.

3. 中华人民共和国住房和城乡建设部. GB/T 50001—2010 房屋建筑制图统一标准［S］. 北京：中国计划出版社，2010.

4. 中华人民共和国国家质量监督检验检疫总局. GB/T 5101—2003 烧结普通砖［S］. 北京：中国标准出版社，2004.

5. 中华人民共和国国家质量监督检验检疫总局. GB 11968—2006 蒸压加气混凝土砌块［S］. 北京：中国标准出版社，2006.

6. 中华人民共和国住房和城乡建设部. GB 50300—2013 建筑工程施工质量验收统一标准［S］. 北京：中国建筑工业出版社，2014.

7. 中华人民共和国住房和城乡建设部. GB 50003—2011 砌体结构设计规范［S］. 北京：中国建筑工业出版社，2012.

8. 中华人民共和国住房和城乡建设部. GB 50209—2010 建筑地面工程施工质量验收规范［S］. 北京：中国计划出版社，2010.